아침부터 저녁까지 어디서나 마주치는

하루 과학

아침부터 저녁까지
어디서나 마주치는
하루 과학

초판 인쇄 2023년 3월 20일

초판 발행 2023년 3월 25일

편저자 사마키 다케오

옮긴이 김선숙

감수자 류성철

펴낸이 조승식

펴낸곳 도서출판 북스힐

등록 1998년 7월 28일 제22-457호

주소 서울시 강북구 한천로 153길 17

전화 02-994-0071

팩스 02-994-0073

블로그 blog.naver.com/booksgogo

이메일 bookshill@bookshill.com

값 15,000원

ISBN 979-11-5971-476-4

* 잘못된 책은 구입하신 서점에서 교환해 드립니다.

소리는 왜 낮보다
밤에 잘 들릴까?
왜 스마트폰은 뜨거워질까?

아침부터 저녁까지
어디서나 마주치는

비행기는 어떻게 하늘을 날까?
커피는 왜 마시기 직전에
분쇄해야 맛있을까?

하루 과학

변화구는 왜 휘는 걸까?
사우나에서는 왜
화상을 입지 않는 걸까?

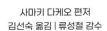

사마키 다케오 편저
김선숙 옮김 | 류성철 감수

번개는 왜 떨어지는 걸까?
마스크는 어떻게
바이러스를 차단할 수 있을까?

북스힐

우리 주변의 과학

이 책은 이런 사람들을 위해 썼다.

- 과학을 잘 알지는 못해도 흥미는 있다.
- 주변에서 일어나는 자연 현상이나 곧잘 마주치는 것, 늘 사용하는 제품의 원리와 구조를 알고 싶다.
- 그림을 통해 과학을 보다 쉽게 이해하고 싶다.

아침에 일어나 밤에 잠들 때까지 우리는 과학과 기술 덕분에 매우 편리하고 쾌적한 생활을 한다. 하지만 우리가 사용하는 것들의 '내부가 어떻게 되어 있으며' '구조가 어떻게 되어 있는지'는 모른다. 즉 블랙박스(원리와 구조는 모른 채 기능만을 사용―옮긴이) 상태로 사용하는 경우가 대부분이다.

그렇게 블랙박스화된 사물의 원리와 구조를 몰라도 살아가는 데 큰 불편은 없다. 대부분 제품은 스위치 ON과 OFF만 알면 쓸 수 있기 때문이다.

그래도 잠깐 멈춰서 우리 일상이 '어떤 원리와 구조로 되어 있는 걸까' 하는 흥미나 관심, 호기심을 가진다면 생활이 더 즐거워지고 삶의 보람도 느낄 수 있지 않을까.

사실 우리가 무심코 지내는 일상 속에는 어디에나 '과학'이 깃들어 있다. 과학·기술의 혜택인 편리한 제품 속에만 과학이 숨어 있는 것은 아니다. 과학은 우리의 생존에도, 걷기와 같은 다양한 동작에도, 자연 현상 속에도 숨어 있다. 사물을 의식하고 '과학의 눈'으로 바라보면 아침에 일어나서 밤에 잠들

기까지 우리 생활을 다양한 과학이 떠받치고 있다는 것을 알 수 있다.

이 책은 그런 우리 주변의 과학을 알기 쉽게 설명하기 위해 썼다.

우선 주제를 정했더니 금방 100가지가 넘어버렸다. 그중에서 53가지 주제를 골랐다. 집필진은 이 주제를 가능한 한 이해하기 쉬운 글과 그림으로 설명하는 데 도전했다.

편저자 사마키 다케오 씨는 잡지 《RikaTan(이과의 탐험)》 편집장이다. 집필진은 RikaTan 편집위원으로 중학교 이과 교사, 고등학교 이과 교사, 과학 분야 대학교수, 물리학 연구자, 지구과학 분야 번역가, 과학·IT계 프리랜서 작가 등 14명이 모였다(p.271 참조).

RikaTan 편집위원은 과학 커뮤니케이션 활동으로 '보고 이해하고 즐기는 사이언스!'를 목표로 하는 어른들을 위한 과학서를 기획·편집해왔다. 이 책 또한 '과학을 이해하기 쉽게 전하자!'는 과학 커뮤니케이션 활동의 일환이다.

집필진은 메일로 의견을 교환하면서 이 책을 썼다. 읽는 독자 여러분이 '읽기를 잘했다!'는 생각이 들도록 보다 정확하고 알기 쉽게 쓰려고 노력했다. 그 노력이 결실을 맺어 하나라도 더 '아하!'하며 공감한다면 좋겠다.

끝으로 멋진 일러스트를 그려준 이토 햄스터 씨, 많은 집필자와 개별로 작업하며 이 책을 완성으로 이끌어준 SB 크리에이티브 주식회사 비주얼 서적 편집부 이시이 겐이치 씨에게 진심으로 감사드린다.

2020년 11월 편저자 사마키 다케오

차례

제1장

오전에
마주치는
과학

01 전파시계는 어떻게 집에서도 정확한 시각을 알려주는 걸까?

아침에 일어나자마자 시계를 보는 사람이 많을 것이다. 전파시계는 언제나 정확한 시각을 알려준다. 하루에 1회 이상, 기준이 되는 전파를 받아 시각을 정확하게 수신하기 때문이다. 전파시계가 왜 실내에서도 정확한지 생각해보자.

기준이 되는 전파를 정기적으로 수신

전파시계의 기준이 되는 표준 전파는 송신소 두 곳에서 내보낸다. 1999년 후쿠시마현에 있는 오타카도야산 표준전파송신소(40 kHz)에서 표준 전파를 송신하기 시작했다. 이어 만일의 사태를 대비하고 또한 서일본 지역에 표준 전파를 안정적으로 공급하기 위해 사가현에 있는 하가네산 표준전파송신소(60 kHz)에서도 2001년부터 송신을 시작했다.

표준 전파의 주파수를 40 kHz와 60 kHz로 한 것은 같은 주파수로 하면 서로 간섭하여 오동작을 일으킬 우려가 있기 때문이다. 전파시계는 송신소 두 곳에서 내보내는 전파를 하루에 1회 이상 수차례 수신하여 시각을 맞춘다.

표준 전파는 오차가 1억 년에 1초 정도밖에 되지 않을 정도로 매우 정확한 세슘원자시계를 기반으로 하여 발신한다. 발신된 전파에는 분, 시, 일,

약 1,000 km나 되는 거리까지 전파가 나아간다.

사가현:
하가네산 표준전파송신소

후쿠시마현:
오타카도야산 표준전파송신소

일본 전 지역에 보낼 수 있는 데다
커다란 산도 넘을 수 있다.

사용되는 전파는 장파

그림 1 • 두 곳의 송신소

송신소 한 곳으로도 거의 일본 전 지역에 보낼 수 있지만, 2001년 사가현의 하가네산 표준전파송신소가 생겨 보다 광범위하게 보낼 수 있게 되었다.

연(연도 끝 두 자리 숫자), 요일, 윤초(실제 시각과 표준 시각이 맞지 않을 때, 더하거나 빼는 1초 − 옮긴이) 정보 등의 신호가 담겨 있다. 전파시계는 내장된 안테나로 전파를 수신하여 시각 정보로 변환한다. 이 시각 정보를 바탕으로 시계의 시각과 달력이 수정되기 때문에 정확한 것이다.

파장이 긴 장파라서
멀리까지 나아간다

전파시계가 사용하는 주파수(40 kHz, 60 kHz)는 장파 LF, Low Frequency라고 하는 전파이다. 장파는 주파수 범위가

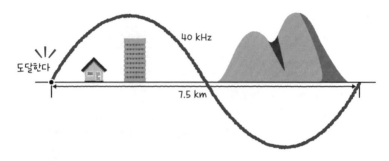

그림 2 • 장애물을 넘어가는 장파

파장이 긴 장파는 빌딩을 쉽게 넘어간다.

30~300 kHz이고, 파장이 1~10 km이다. 흔히 킬로미터 파kilometric wave라고도 한다. 장파는 AM라디오에서 사용하는 중파(300 kHz~3 MHz)보다 파장이 긴 전파이다. 파장이 길면 건물이나 산 같은 장애물이 있어도 전파를 수신할 수 있다. 다만 철근콘크리트 건물 안 등에서는 전파수신 상태가 좋지 않고, 스마트폰이나 전자 제품, 컴퓨터 등이 근처에 있어도 수신 상태가 좋지 않을 수 있다.

만일 전파를 수신하지 못하더라도 전파시계는 한 달에 20~30초 정도 오차가 나는 쿼츠시계를 기반으로 작동한다. 쿼츠시계의 오차는 하루에 1초 정도에 불과하다. 전파시계는 전파가 도달하기를 기다리는 동안 쿼츠시계를 기반으로 작동하며 시각을 맞추는 것이다.

GPS 위성의 전파를 수신하는 위성 전파시계

최근에는 위성 전파시계도 등장했다. 지상 약 2만km 상공을 도는 GPS 위성의 전파는 1575.42 MHz와

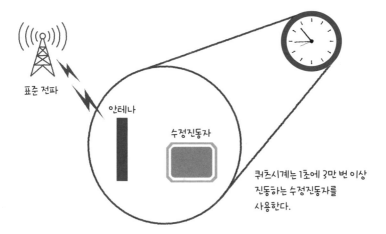

표준 전파

안테나

수정진동자

쿼츠시계는 1초에 3만 번 이상
진동하는 수정진동자를
사용한다.

그림 3 ∘ 표준 전파를 받아 시각을 끊임없이 수정한다

평상시에는 표준 전파를 받아 시각이나 달력을 수정한다. 전파를 받을 수 없을 때는 한 달에
20~30초 정도 오차가 나는 쿼츠시계를 기반으로 작동한다.

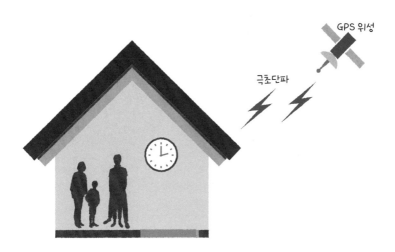

GPS 위성

극초단파

그림 4 ∘ 위성 전파시계

GPS 위성에서 보내는 극초단파를 이용한다. 극초단파는 장애물을 피하는 능력은 낮지만 장애물이
적은 하늘에서 날아오기 때문에 문제가 없다.

1227.60 MHz이다. 이 전파를 극초단파UHF라고 하는데, 주파수 범위는 300 MHz~3 GHz이고, 파장은 10 cm~1 m이다. 위성 전파시계는 GPS 위성에서 송신하는 전파의 시각 정보를 이용하여 오차를 자동 수정한다.

극초단파는 커다란 장애물을 피하지는 못하지만 장애물이 거의 없는 하늘에서 날아오기 때문에 전파를 정확하게 수신할 수 있다.

GPS 위성 전파에는 '정확한 시각'과 '위성 위치' 등의 정보가 담겨 있다. 내비게이션 수신기는 GPS 위성 4곳에서 보낸 '정확한 시각' 차를 통해 각 위성과의 거리를 계산한다. 그리고 위성 4곳의 거리를 통해 자신의 위치를 파악한다. 전파는 1초에 약 30만km를 나아가므로 불과 1마이크로초(100만분의 1초)밖에 안 되는 시각 차이가 300 m에 달하는 거리의 오차를 만든다. 그 때문에 GPS 위성에는 정확한 세슘원자시계나 루비듐 원자시계가 탑재되어 있다.

수세식 화장실에 쓰이는 '사이펀의 원리'란?

기상 후 바로 화장실에 가는 사람도 많을 것이다. 화장실에서 볼일을 본 뒤에 물을 내리면 배설물과 물이 배수관을 빠져나가고 다시 물이 고여서 원래 상태가 된다. 이때 적은 물로 배설물을 원활하게 배출하기 위해서 사이펀의 원리를 이용한다. 이 원리가 무엇인지 생각해보자.

빨대로 물을 마실 수 있는 이유

물이 담긴 컵에 빨대를 꽂아 빨면 물은 빨대 속으로 올라온다. 이것은 주위에 공기대기가 있기 때문에 가능한 현상이다. 우리는 지구를 둘러싼 공기 속에서 생활하고 있다. 평소 공기의 무게를 느낄 수는 없지만, 공기층이 두껍기 때문에 지표에서는 $1 \, cm^2$당 약 $1 \, kg$의 무게가 나간다. 공기에 의한 이 압력을 기압대기압이라고 한다.

빨대를 빨면 빨대 안의 공기가 줄어들고 기압이 내려가게 된다. 그러면 기압이 내려간 만큼 물이 상승해 균형을 이룬다(그림1). 더 들이마시면 물이 입안으로 들어온다.

물은 $1 \, cm^3$당 약 $1 \, g$이므로 $1 \, cm$가 상승하면 $1 \, g/cm^2$이고, $2 \, cm$가 상승하면 $2 \, g/cm^2$가 된다. 물이 몇 센티미터 상승했는지 알면 빨대 안의 압력이 대기압으로부터 얼마나 줄어들었는지 알 수 있다.

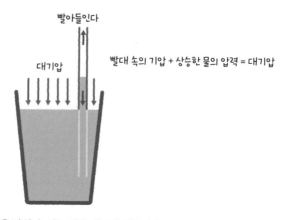

빨아들인다

대기압

빨대 속의 기압 + 상승한 물의 압력 = 대기압

그림 1 • 빨대로 물을 마실 수 있는 것은 대기압 덕분이다

공기를 빨아들이면 빨대 속의 기압이 내려간다. 그러면 내려간 기압만큼 물이 상승해 대기압과 균형을 이룬다. 공기를 빨아들여서 물이 올라온 것처럼 보이지만 물이 상승한 건 대기압과 빨대 속 기압 차이 때문이다.

펌프도 없이 물을 옮길 수 있는
사이펀의 원리

그림 2와 같이 관에 물이 채워져 있으면 수면이 높은 용기 A(왼쪽)의 물을 수면이 낮은 용기 B(오른쪽)로 옮길 수 있다. 이때 물은 높은 쪽 수면보다 높은 곳까지 올라가 이동한다. 두 용기의 수면에 가해지는 대기압은 낮은 위치에 있는 B가 더 크지만 아주 작은 차이이므로 거의 같다고 할 수 있다.

관의 a와 b의 출구 압력은 관의 수면 높이 차만큼 b쪽이 크다. 이 압력의 차이로 물이 b쪽으로 이동한다. 이것이 **사이펀의 원리**이다. 이윽고 수면의 높이가 같아지면 압력의 차이가 없어지므로 물은 이동하지 않게 된다. 관의 입구 a를 보면 펌프로 물을 빨아올리듯 물이 관으로 들어간다. 이 흡인력을 수세식 변기에 활용하는 것이다.

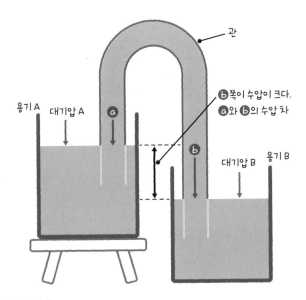

관

ⓑ쪽이 수압이 크다.
ⓐ와 ⓑ의 수압 차

용기 A   대기압 A   ⓐ

ⓑ   용기 B
대기압 B

그림 2 • 사이펀의 원리

대기압 A와 대기압 B 중 근소하게 대기압 B가 크지만 아주 작은 차이로 거의 같다. ⓐ와 ⓑ의 수압은 ⓑ가 더 크므로 이 수압의 차이에 의해 물은 용기 A에서 용기 B를 향해 흐른다. 이윽고 수면이 같은 높이가 되면 압력 차가 없어지므로 물의 이동은 멈춘다.

물을 뽑아내듯 흘려보내 깨끗이 세척한다

수세식 변기에서 용변을 본 후 흘려보내는 물은 크게 다음 세 가지 목적이 있다.

① 배설물을 씻어낸다.

② 변기 자체를 세척한다.

③ 배수로(하수관)와 화장실 내부를 차단하여 악취를 막는다.

사이펀의 원리는 ①에 사용된다. 구조가 간단한 '세척 급수방식' 변기에서는 그림 3과 같이 탱크에 고여 있던 물의 힘으로 배설물을 흘려보낸다. 이 배수로 부분에 사이펀 구조부를 설치한 것이 사이펀식 변기이다. 사이펀의

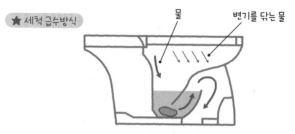

흐르는 물의 힘으로 변기를 닦으며 배설물을 흘려보내기 때문에 많은 물이 필요하다.

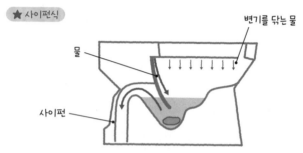

사이펀의 원리에 의해 세척수를 뽑아 올리듯이 흘려보내기 때문에 '세척 급수방식'에 비해 배설물이 적게 흘러간다.

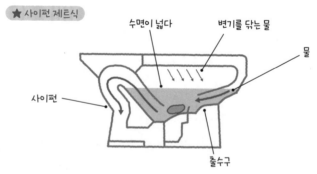

변기를 닦는 물과 출수구에서 나오는 물 두 가지로 나누어 물을 흘려보낸다. 바닥 쪽에 있는 출수구에서 메인 물을 흘려보냄으로써 강제로 사이펀의 원리를 만들어낸다. 사이펀 제트식은 물이 차는 면이 넓어 배설물이 변기에 잘 달라붙지 않는다.

그림 3 • 수세식 화장실 세척 방식

원리에 의해 세척수를 뽑아내듯이 흘려보낸다. 반면 **사이펀 제트식**은 변기 바닥에 있는 출수구에서 강한 물줄기를 흘려보내 배설물을 씻어내는 효과를 높인다.

변기를 만드는 각 제조사는 적은 물로 더 큰 효과를 얻을 수 있도록 흐르는 물에 압력을 가해 힘차게 흘려보내거나 소용돌이치듯이 물을 흘려보내는 등 다양한 연구를 하고 있다. 한 변기 업체의 웹 사이트에 의하면 20년 전에는 물을 1회에 13 L 사용했으나 현재는 3.8 L로 대폭 줄었다고 한다.

03
전자레인지는 음식물 속 수분을 어떻게 데우는 걸까?

바쁜 아침에 편리한 전자레인지는 음식물 속의 물에 전파 에너지를 쏴서 음식물을 따뜻하게 데운다. 음식물 속의 물 분자가 어떻게 움직여 열을 얻는지 생각해 보자.

음식물 가열의
혁명적 방식

불 없이도 음식물을 따뜻하게 데우는 전자레인지는 음식물을 가열하는 방식에 혁명을 가져왔다고 할 수 있다. 전자레인지가 가전제품으로 출시된 것은 1962년이다. 단시간에 음식물 가열이 가능하고, 불이 필요 없어 안전했기에 전자레인지는 가열 수단으로 급속하게 보급되었다. 현재 일본의 전자레인지 보급률은 96%에 이른다.

그림1은 전자레인지의 외관과 구조를 나타낸 것이다. 전파가 들어올 수 없는 밀폐된 상자 안에서 **마그네트론**이라는 발진기로부터 발생시킨 강력한 **전파** 전자파를 도파관이라는 통로를 통해 레인지 내의 음식물에 조사한다. 매우 높은 주파수(2.45 GHz = 2,450 MHz)의 전파 마이크로파를 음식물에 쬐는 것이다. 여기서 G기가는 10억 10^9을 나타낸다. 즉 1초에 24억 5,000만 번이나 진동한다고 할 수 있다.

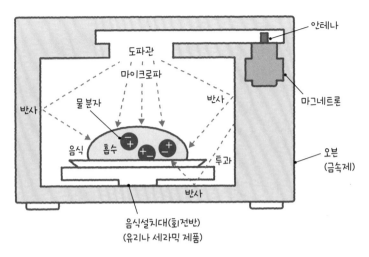

그림 1 • 전자레인지의 구조

마그네트론으로 만들어진 전파는 도파관을 통해 음식물에 전해진다. 그런데 관 입구에서 균일하게 내리쬐도록 설계해도 내부 반사 때문에 좀처럼 골고루 미치지 않는다. 그래서 원반 모양의 회전반을 회전시키는 방식이 많다.

왜 전파가 내는 에너지가 열이 되는 걸까?

전자레인지의 전파는 음식물 속의 물을 따뜻하게 데운다. 높은 주파수의 전파가 물 분자에만 작용하는 것은 아니지만, 물이 가장 큰 영향을 받는다. 물 분자는 **그림 2**와 같이 산소 원자 1개와 수소 원자 2개로 이루어져 있어 H_2O라고 쓴다. 이 물 분자는 **그림 2**와 같은 구조로 된 쌍극자 모멘트를 갖는다. 쌍극자 모멘트란 분자 내에서 양전하와 음전하가 쌍을 이루는 상태인데, 이것이 전파에 민감하게 반응한다.

분자가 1개일 때는 **그림 3**과 같이 쌍극자가 전기장 방향으로 즉시 움직인다. 이때 수소의 위치가 분자 내를 크게 이동하므로 분자의 회전이라고 볼 수도 있다. 그런데 액체 상태에서는 분자와 분자의 관계가 본질이다. 개개의

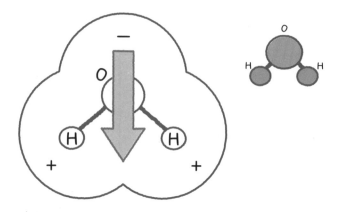

그림 2 • 물 분자의 구조

우리가 흔히 알고 있는 물 분자 모형으로, H-O-H라고 표기하기도 한다. 분자 내 전하의 분포가 한쪽으로 치우쳐 있다. 중앙에 있는 산소 원자가 음(-)전하를 갖고, 갈고리 모양으로 구부러진 양 끝의 수소 원자가 양(+)전하를 갖는다. 그 양전하와 음전하 쌍을 화살표로 표시하는데 이를 쌍극자 모멘트라고 한다.

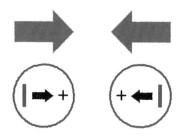

그림 3 • 쌍극자는 전기장의 방향에 맞추어 방향을 바꾼다

물 분자는 산소가 음(-)전하를 가지고, 수소가 양(+)전하를 가지며 쌍극자 모멘트(검은 화살표)를 가진다. 이 쌍극자는 전기장 방향(회색 화살표)에 따라 방향을 바꾼다.

분자가 '회전하는 시간'보다도 더 짧은 시간에 분자 집합 속에 네트워크를 만드는 역동적 작용이 일어난다.

전기장 방향으로 쫓아가려는
물 분자의 움직임이 열을 만든다

액체인 물은 일반적인 액체처럼 분자들이 그냥 모여서 각 분자가 제멋대로 움직이는 것이 아니다. 어떤 물 분자에서 양전하를 가진 수소 원자는 그와 인접한 물 분자의 음전하를 가진 산소 원자와 서로 끌어당긴다. 이러한 물 분자끼리의 결합을 **수소결합**이라고 한다. 물 분자끼리는 일반적인 액체 분자 사이에 작용하는 분자 간의 힘뿐만 아니라 이 수소결합의 힘도 작용한다.

얼음은 수소결합으로 연결된 물 분자가 제각기 위치를 바꾸지 않는 결

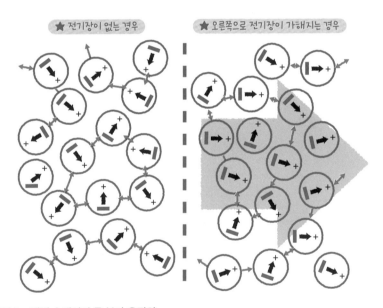

그림 4 • 액체 속에서의 물 분자 움직임

분자 간에는 항상 수소결합에 의해 네트워크가 형성되기도 하고 소멸되기도 한다. 왼쪽은 전기장이 없는 경우로, 쌍극자 방향이 아무렇게나 향하고 있다. 오른쪽은 오른쪽으로 전기장이 가해지는 경우로, 쌍극자는 평균적으로 전기장 방향으로 모여 있다(열운동이나 수소결합 네트워크의 영향으로 흔들린다). 전기장이 왼쪽으로 향하면 평균적으로 방향이 반전되지만 응답 지연 때문에 역시 '불균형'이 남는다.

참고: 에마 가즈히로 저, 『빛이란 무엇인가光とは何か』(다카라지마사, 2014년)

정 상태이기 때문에 딱딱하게 굳는다. 그런데 물의 경우 얼음과 달리 각각의 물 분자가 어느 정도 위치를 바꿀 수 있으므로 액체다. 하지만 액체인 물은 대부분 물 분자끼리 수소결합으로 연결되기도 하고 떨어지기도 한다.

수소결합은 **그림 4**와 같이 분자 간에 가는 화살표처럼 서로 연결된 네트워크를 만든다. 하지만 곧바로 결합이 끊어져 다른 분자와 결합하기도 한다. 이렇게 무질서하게 운동하는 네트워크에 작용하면 만원 전철 안에서 몸을 움직이기 어렵듯이 개개의 물 분자의 움직임이 굼떠진다. 이를 이미지로 나타낸 것이 **그림 4**이다. 대부분의 물 분자가 전기장 방향으로 움직이고 있어도 이러한 네트워크 때문에 응답이 늦어지는 현상이 생기고 그것이 쌓이고 쌓여서 '열'이 발생하는 것이다.

04 된장국을 그대로 두면 생기는 육각형 모양은 무엇일까?

뜨거운 된장국을 잠시 그대로 놔두면 된장이 풀려 농담이 생기고, 그릇 안에 작은
'육각형' 모양이 보이는 경우가 있다. 이 육각형이 왜 생기는지 생각해보자.

된장국의 열역학　　대류란 공기나 물 등의 기체나 액체가
장소에 따른 온도 차에 의해 움직이는 현상을 말한다.

그릇 안의 따뜻한 된장국 표면을 잘 살펴보면 하얀 김이 올라온다. 김
이 올라온다는 것은 된장국 표면에서 물이 증발한다는 뜻이다. 또 물이 증발
하면 된장국 표면에서 열이 많이 빼앗겨서 온도가 내려간다. 반면 그릇 자체
는 열이 잘 전달되지 않고 보온성이 있으므로 된장국 내부는 따뜻한 온도를
유지한다. 따라서 온도가 내려가 무거워진 표면의 된장은 가라앉고, 아직 따
뜻한 바닥의 된장은 솟아오르는 대류가 일어난다.

대류는 그릇 전체에서 빙 도는 것이 아니라 여러 작은 대류가 나란히
발생한다. 그 때문에 **규칙적인 무늬**가 생기는 것이다. 육각형 모양을 잘 보
면 가장자리 부분이 약간 투명하고, 그 안쪽에는 된장 입자가 진한 빛깔을
띤다. 이는 가장자리 부분에는 표면의 된장이 가라앉고, 가운데 부분에서는
바닥의 진한 된장이 솟아오르기 때문이다.

27

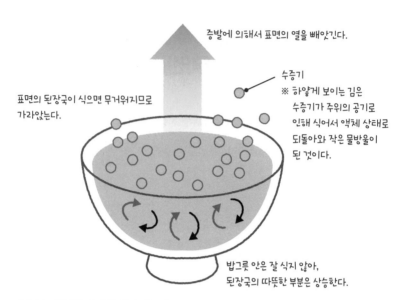

증발에 의해서 표면의 열을 빼앗긴다.

수증기
※ 하얗게 보이는 김은 수증기가 주위의 공기로 인해 식어서 액체 상태로 되돌아와 작은 물방울이 된 것이다.

표면의 된장국이 식으면 무거워지므로 가라앉는다.

밥그릇 안은 잘 식지 않아, 된장국의 따뜻한 부분은 상승한다.

그림 1 • **된장국 안에서 벌어지는 일**

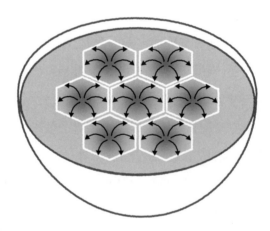

그림 2 • **된장국 안에 생긴 육각형 모양**

된장국의 베나르 셀과 그 흐름. 한가운데 짙은 부분은 된장이 떠오르고 주위 부분은 가라앉고 있다.

발견자 이름을 딴
베나르 대류

이런 대류를 발견자인 프랑스 물리학자 앙리 베나르Henri Benard, 1874~1939의 이름을 따서 **베나르 대류**라고 한다. 그리고 대류 구조가 규칙적으로 늘어서 있는 상태가 '세포셀'와 비슷하다 하여 된장국 안에 생긴 육각형 무늬를 **베나르 셀**이라고 부른다.

바닥이 평평한 용기에 끈적끈적한 액체를 얇게 펴 넣고 용기 밑면을 서서히 균일하게 가열하는 이상적인 조건에서 실험하면 아주 깨끗한 육각형의 베나르 셀을 재현할 수 있다. 셀의 모양이 육각형인 것은 육각형이 공간을 빈틈없이 균등하게 채우는 패턴이기 때문이다. 조건에 따라서는 이와 마찬가지로 공간을 빈틈없이 채울 수 있는 **사각형**인 경우도 있다.

그릇 속의 육각형,
하늘의 조개구름

된장국에서 볼 수 있는 이 모양은 가까운 다른 곳에서도 볼 수 있다. 그곳은 바로 **하늘**이다. 하나하나는 작지만 크고 작은 구름이 모여 하늘에 규칙적으로 퍼지는 장관을 볼 수 있다. 비늘구름 혹은 **조개구름**이라고 불리는 구름인데, 기상학에서는 **권적운**으로 분류한다. 이 구름은 된장국처럼 따뜻한 공기의 윗면이 차가워져 상공에서 대류가 일어나며 생긴다.

권적운은 **저기압이나 태풍이 접근할 때 많이 생기는 구름**이다. 올려다봐야 할 만큼 드넓은 하늘에서 생기는 현상을 양손 안에 쏙 들어가는 그릇 속에서 볼 수 있다니 흥미롭지 않은가.

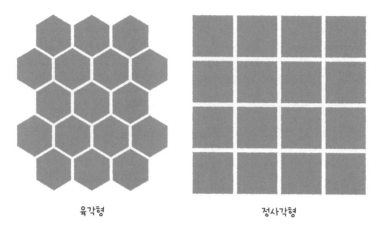

육각형　　　　　　　정사각형

그림 3 • 공간을 빈틈없이 메우는 도형

그림 4 • 조개구름

안타깝게도 이런 구름이 보였다 하면 며칠 동안 날씨가 좋지 않은 경우가 많다.

05
커피는 왜 마시기 직전에 분쇄해야 맛있을까?

잠을 깨는 데 커피를 빼놓을 수 없는 사람도 있다. 맛있는 커피를 끓이는 작업은 '모두 화학적인 수법'이라고 해도 과언이 아니다. 원두커피를 추출할 때 '최고의 한잔'을 만드는 방법에 대해 생각해보자.

커피 맛은 정의하기 어렵다

먼저 커피 '맛'은 어떤 요소로 정해질까? '맛있다'는 느낌의 핵심에는 물론 맛이 작용한다. 단맛·쓴맛·신맛·짠맛·감칠맛 등 5가지 기본 맛에 매운맛과 떫은맛 같은 요소가 복잡하게 더해져 종합적인 맛이 형성된다. '맛'은 맛 이외의 요소에 좌우된다. 특히 향기와 텍스쳐(촉감, 식감)는 중요한 요소다. 사람마다 취향이 있기 때문에 맛있는 커피가 어떤 커피인지 정의하기는 매우 어렵다. 향기와 쓴맛, 신맛 등이 절묘하게 어우러져 풍부한 풍미를 지닌 커피가 맛있다고 할 수 있지 않을까?

왜 커피콩은 볶아서 분쇄하는가?

맛있는 커피를 얻기 위한 중요한 공정으로 로스팅이 있다. 커피콩을 볶으면 그 속의 화학 성분이 변화하여 비로소 커피 특유의 풍미가 생겨난다. 그럼 볶은 커피콩을 통째로 물에 넣으면 맛있

그림 1 • 원두와 분말의 보존 기간

원두 상태에서의 보존 기간은 약 1개월. 가루 상태에서의 보존 기간은 약 1주일.

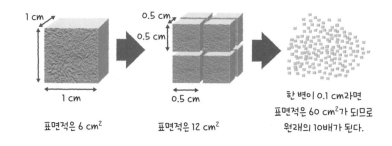

그림 2 • 분말로 만들면 표면적이 커진다

는 커피가 될까? 당연히 그렇지 않다. 성분이 잘 우러나지 않기 때문이다.

그래서 볶은 콩을 분쇄그라인딩하는 공정이 필요하다. 분말로 만들면 볶은 콩의 표면적이 수십 배에서 수백 배로 커져 여러 성분이 물에 잘 우러나기 때문이다. 참고로 특정 성분을 우려내 분리하는 방법을 추출이라고 한다. 분쇄해서 바로 추출하면 커피콩 속에 들어 있던 향기로운 성분이 충분히 방출되어 맛있는 커피를 얻을 수 있다. 화학의 세계에서도 추출은 매우 중요한 실험 과정 중의 하나이다.

마시기 직전에 원두부터
가루로 만들어 열화를 줄인다

일반적으로 커피는 분쇄하는 순간부터 급격하게 열화가 진행된다. 물론 콩 상태에서도 열화되지만 표면적이 극적으로 증가한 가루 상태에서는 공기와 닿는 면적이 더욱 증가해 산화가 진행되고 흡습성도 올라가므로 신맛이 더해지고 풍미도 손상되어간다.

최대한 풍미를 놓치지 않고 맛있게 마시기 위해서는 원두커피를 구입하여 **마시기 직전에 가루로 만드는 것이 좋다**. 커피 가루의 크기를 균일하게 분쇄하면 더 좋다. 다만 너무 곱게 갈아버리면 표면적이 너무 커져 '맛없는' 성분까지 추출하게 된다. 거기다 분쇄한 커피 가루가 필터로 완전히 여과되

그림 3 • 추출과 여과로 맛있는 커피를 만든다

원두커피 분말에 뜨거운 물을 부어 만드는 드립 커피. 흔한 광경이지만 이 작업은 화학에서 중요한 실험 과정인 여과와 추출에 해당한다. 물을 부어 분말에서 수용성 수분을 추출하고 다시 필터로 여과하여 용액(커피)과 찌꺼기를 분리한다.

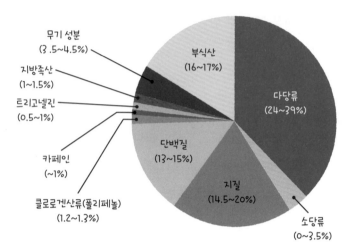

무기 성분
(3.5~4.5%)

지방족산
(1~1.5%)

트리고넬린
(0.5~1%)

카페인
(~1%)

클로로겐산류(폴리페놀)
(1.2~1.3%)

부식산
(16~17%)

다당류
(24~39%)

단백질
(13~15%)

지질
(14.5~20%)

소당류
(0~3.5%)

그림 4 • 볶은 커피 원두에 함유된 성분

커피에 함유되어 있는 성분 중에는 약의 원료가 되는 것도 있어 인체에 영향을 줄 수 있다. 예컨대 당뇨병이나 직장결장암, 파킨슨병에 대해서는 긍정적 영향이 있지만 폐암 발병률의 증가나 임산부에 미치는 악영향 등도 지적된다. 하지만 아직 명확하게 밝혀진 것은 많지 않다.

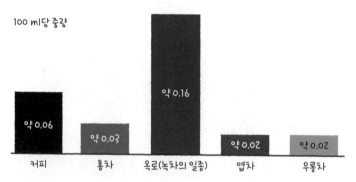

100 ml당 중량

약 0.06

약 0.03

약 0.16

약 0.02

약 0.02

커피   홍차   옥로(녹차의 일종)   엽차   우롱차

그림 5 • 커피와 다양한 차에 함유된 카페인 양의 비교(g)

참고: 문부과학성 『개정 일본 식품 표준성분표』(http://coffee.ajca.or.jp/webmagazine/library/caffeine)

지 않고 커피에 들어가서 혀에 느껴지니 식감이 나빠진다.

여러 성분이
커피의 풍미를 만든다
　　　　　　　　　　볶은 원두에는 수백 가지 성분이 함유
되어 있지만 모든 구조가 밝혀진 것은 아니다. 미지의 물질을 함유한 원두의
조성비는 로스팅 상태에 따라 변화하며, 여러 성분이 복잡하게 어우러져 커
피의 풍미를 만든다. 커피의 특정 성분으로는 카페인이 유명하다. 카페인은
졸음이나 권태감 해소에 효과가 있는 것으로 알려져 있다. 이외에도 커피에
는 항산화 기능을 가진 폴리페놀류 성분이 들어 있다.

스마트폰이나 스마트 스피커는 어떻게 사람의 말을 알아들을까?

스마트폰이나 스마트 스피커를 향해 'Hey Siri', '알렉사', 'OK google'이라고
부르면 반응을 한다. 매일 아침, 날씨를 묻는 사람도 있을 것이다. 이러한 기기들은
어떻게 우리 말을 이해하는 것일까?

Hey Siri, 알렉사, OK google이란?

이들은 웨이크워드wakeword라는 시스템을 부르는 말이다. 웨이크워드를 말하면 시스템이 작동하는데, 사람의 말자체를 인식할 줄 알아야 하므로 이 시스템에는 **음성인식** 기능이 필요하다. 사람이 하는 말에서 음성 신호를 끄집어내는 일부터 시작해야 하는 것이다. 끄집어낸 음성 신호는 컴퓨터가 인식할 수 있는 데이터(디지털)로 변환하게 된다. 그중에서 '의미 있는 문자'를 '관련이 있는 말'로 인식한다.

딥러닝은 음성인식이나 자연언어처리에 사용된다

음성인식에는 **딥러닝**이 중요하다. 딥러닝이란 인간의 뇌 구조를 컴퓨터상에서 수치적으로 재현한 것이다. 여기서 말하는 뇌 구조란 뉴런뇌를 구성하는 신경세포과 시냅스다른 뉴런과의 접합 부분를 말한다. 뉴런과 뉴런은 시냅스로 연결되어 기억하기도 하고 판단하기도 한다. 이

그림 1 • 웨이크워드 찾기

음성인식이 가능한 스마트폰이나 스마트 스피커는 사람이 하는 말에서 'Hey Siri', '알렉사', 'OK google' 등을 인식한다.

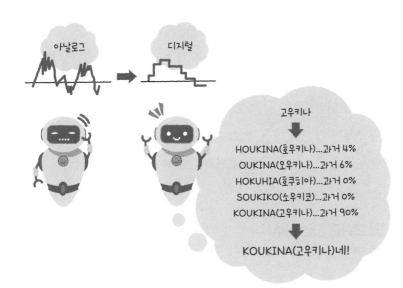

그림 2 • 음성인식 과정

아날로그 신호를 디지털 신호로 바꿔 컴퓨터가 인식할 수 있게 한다. 예를 들어 '고우키나(고귀한, 값진)'는 'KO·U·KI·NA', 'O·O·KI·NA', 'HO·U·KI·NA' 중에서 최적이라고 생각되는 것을 선택한다. 하지만 때때로 잘못 듣기도 한다.

구조를 본떠 만든 겹겹의 뉴럴 네트워크신경 회로망. 인간의 뇌 기능을 모방한 네트워크는 각각 연결이나 관련도에 가중치를 부여해 판단한다.

내가 '고우키나고귀한, 값진'라고 말하면 AI는 '고우키나'를 '호우키나', '오우키나', '호쿠히아', '소우키코'…… 등, 비슷한 발음 중에서 내가 말했을 법한 발음으로 선택한다. 이때 딥러닝 기법을 사용한다. '고우키나'는 과거에 많이 들어본 것이므로 높은 확률로 선택되고, '호우키나'도 들어봤으니까 그 다음 후보가 된다. 이렇게 과거에 들어본 발음의 연결고리가 후보로 꼽힌다. 이제 음성인식으로 얻은 정보를 사람이 쓰는 말이나 문장이 가지는 의미로 인식한다. 자연어 처리Natural Language Processing, 컴퓨터를 이용해 사람의 자연어를 분석하고 처리하는 기술를 하는 것이다. 내가 '고우키나고귀한, 값진'에 이어서 '가오리'라고 하면 AI는 '고우키나'를 음성인식으로 이해한 것처럼 '가오리향기'도 인식한다. '고귀한', '향기'라고 이야기한 것을 이해하고 이 발음과 연결될 의미 있는 문장을 찾는 것이다. '고우키나'라고 하면 '고귀한', '값진', '귀중한'……식으로 의미가 연결되는 말을 찾고, '가오리'로부터 '향', '향기', '좋은 냄새' …… 등을 후보로 꼽아간다. 나온 후보 중에서 글로써 의미가 있고 과거에 쓰였던 말이나 문장을 고르는 것이다. 그 결과 '고귀한 향기'를 선택한다.

사람과 대화를 하면 할수록 똑똑해진다

딥러닝은 지금까지 들어본 적이 있는 음성의 연결이나 말의 연결, 문장으로 가중치를 부여한다. 우리가 자주 쓰는 말이나 발음 등을 참고해서 말을 고르거나 문장을 이해하기 때문에 우리와 AI가 과거에 어떤 대화를 했는지가 중요하다. 반복 학습 하는 가운데 우리가 말한 내용을 정확하게 이해하게 되는 것이다.

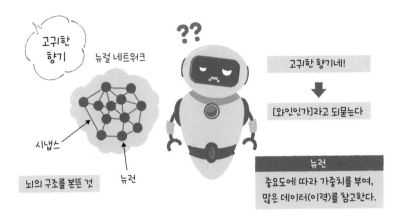

그림 3 • 자연어 처리 과정

'고우키나'에서 '고귀한', '값진', '귀중한'…… 등의 말을 선택하고, 뒤를 잇는 '가오리'도 후보를 선정하여 '고귀한 향기'를 골라낸다. 여기서도 중요도에 따라 가중치를 부여한다.

그림 4 • 사람과의 대화에서 학습

siri나 알렉사는 사람과의 대화를 데이터로 학습한다. 이러한 사람과의 대화가 쌓여 중요도에 따라 가중치를 부여하는 데 참고가 된다.

07 마스크는 어떻게 바이러스를 차단할 수 있을까?

독감이나 코로나19 바이러스의 비말 감염을 예방하려면 기침 에티켓이 중요한데

그중 하나가 마스크이다. 이제 외출 시 필수 아이템이 된 마스크의 효과에 대해

생각해보자.

세균과 바이러스의 차이　　　병원체가 되는 미생물에는 세균과 바이러스 등이 있다. 세균에는 이질균, 병원대장균장관출혈성대장균, 결핵균, 폐렴구균, 콜레라균 등이 있고, 바이러스에는 독감 바이러스, 코로나19 바이러스, 노로바이러스 등 여러 종류가 있다.

　　마스크와 관련된 세균과 바이러스의 큰 차이는 크기이다. 세균은 광학 현미경으로 볼 수 있고 대부분 1 μm마이크로미터 정도이다. 반면 바이러스의 상당수는 20~40 nm나노미터로 세균의 10분의 1에서 100분의 1밖에 되지 않는다. 그래서 광학 현미경으로는 볼 수 없고 전자 현미경이 필요하다. 유행성 감기 바이러스도 100 nm 정도이다(100 nm = 1 μm = 0.001 mm).

　　감염자가 기침이나 재채기를 하면 바이러스를 가진 비말이 날아서 흩어진다. 이를 건강한 사람이 코와 입으로 흡입하면 바이러스를 가진 비말이 점막에 접촉하는데 **비말 감염**은 이런 경로로 일어난다. 이때 대부분의 비말은 크기가 3~5 μm 정도의 물방울이다. 5 μm 정도의 비말은 공기 중에

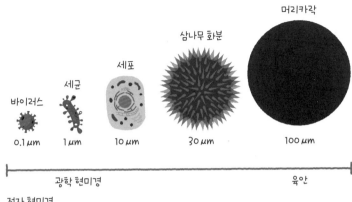

그림 1 • 세균과 바이러스의 크기

세균은 광학 현미경으로 관찰할 수 있지만, 바이러스는 전자 현미경이 필요하다.

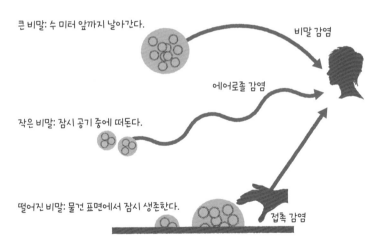

그림 2 • 비말 감염(에어로졸 감염 포함)과 접촉 감염

1~2 m 날아가 떨어진다.

접촉 감염은 피부와 점막의 직접적인 접촉이나 손, 손잡이, 난간, 스위치, 버튼 같은 표면을 통해 감염되는 경로로 일어난다. 그 외에도 공용 컴퓨터의 키보드나 거스름돈, 슈퍼나 편의점의 바구니나 카트를 통해서도 감염될 수 있다.

기침을 하는 사람은
적극적으로 마스크 착용

독감에 걸려 기침을 하는 사람, 즉 감염자일 가능성이 있는 사람은 **기침 에티켓**을 지켜야 한다. 기침이 나오는 사람은 바이러스를 가진 비말의 확산을 막기 위해서라도 적극적으로 마스크를 착용해야 한다. 추천할 만한 마스크는 의료용 부직포 마스크일회용 마스크와

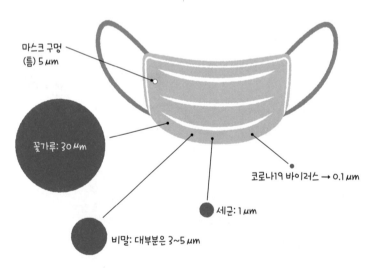

마스크 구멍
(틈) 5 μm

꽃가루: 30 μm

코로나19 바이러스 → 0.1 μm

세균: 1 μm

비말: 대부분은 3~5 μm

그림 3 • 비말이 5 μm 이상은 돼야 부직포 마스크가 차단할 수 있다
3중 구조 필터로 되어 있기 때문에 작은 비말도 상당히 차단할 수 있고 날아서 흩어지는 것도 막을 수 있다.

똑같은 가정용 부직포 마스크이다. 가정용 부직포 마스크는 바깥쪽 표면 부직포, 얼굴에 닿는 안쪽 부직포, 중간에 끼운 필터 기능을 가진 부직포로 구성된 것으로 의료용 부직포 마스크와 같은 효과가 있다.

마스크로 비말 감염을 막을 수 있을까?

마스크로 차단할 수 있는 입자의 크기는 부직포 마스크의 구멍을 생각하면 5 μm 이상이지만 필터가 3중 구조로 되어 있으므로 보다 작은 비말도 대부분은 막을 수 있다. 마스크의 성능에 대해서는 일반적으로 과대광고가 많다. 마스크를 통과하는 부분에서는 상당히 차단할 수 있어도 마스크와 얼굴 사이에는 틈이 생기는 경우가 많은데 이곳으로 비말이 들어가기 쉽다. 그러므로 마스크를 얼굴에 최대한 밀착시키는 것이 매우 중요하다.

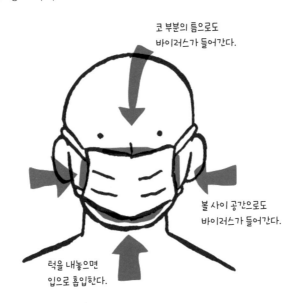

그림 4 ● **마스크의 허점**

세계보건기구who는 당초 '건강한 사람이 마스크를 착용해도 감염을 예방할 수 있는 근거가 없다'는 입장을 취했다. 하지만 코로나19 바이러스 감염증이 세계적으로 대유행팬데믹하자 2020년 6월 10일 그 지침을 크게 바꾸었다. 세계보건기구가 입수 가능한 모든 증거를 주의 깊게 검토한 후 '감염이 확산되고 있는 지역의 공공장소에서는 다른 재료로 구성된 3중 구조 마스크를 착용할 것을 권장한다'고 한 것이다.

수돗물은 마시기에 안전할까?

수돗물은 언제든지 마실 수 있어 편리하다. 물론 염소의 독특한 냄새와 발암 물질인 트리할로메탄이 신경 쓰이는 사람도 있을 것이다. 하지만 기본적으로 수돗물은 엄격한 수질기준으로 만들어지므로 그대로 마셔도 건강에 문제가 없다.

발암 물질
트리할로메탄이 수돗물에!?　　　　수도의 가장 중요한 조건은 그대로 안심하고 마실 수 있는 무균의 물을 공급하는 것이다. 그래서 수도는 자연 그대로의 물을 정수장에서 정화하고 살균한다. 정수장에서는 물속에 들어 있는 모래 등 입자가 큰 물질을 가라앉히고, 부유물을 제거하고, 유기물을 분해한 후 마지막으로 소독을 위해 염소 살균하여 각 가정으로 보낸다. 일본의 수도법水道法에서는 각 가정의 수도꼭지에도 염소가 일정량(1 L당 0.1 mg) 이상 남도록 염소 소독을 해야 한다고 규정한다.

　　정수장에서는 크게 **전 염소처리**pre-chlorination와 **후 염소처리**post chlorination 염소가 2회 사용된다. 전 염소처리는 망간과 암모니아, 유기물을 제거하기 위해서 한다. 후 염소처리는 정수장에서 가정까지의 배수관 중간에 유입될지도 모르는 병원균을 살균하기 위한 것이다.

　　그런데 이 염소처리 과정에서 염소와 물속의 유기물 등이 결합하여 발

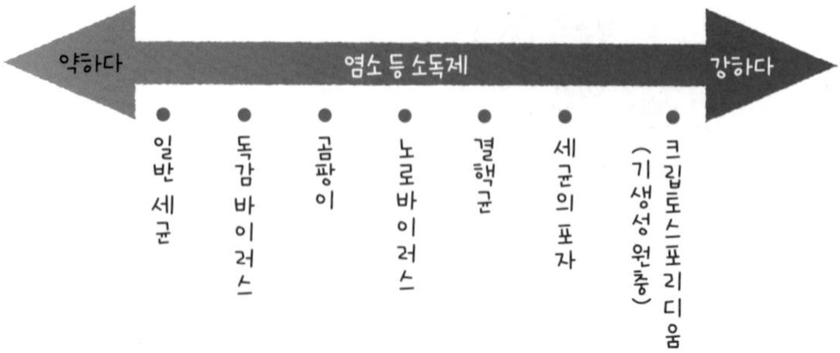

약하다　　　　　　　염소 등 소독제　　　　　　　강하다

일반세균
독감바이러스
곰팡이
노로바이러스
결핵균
세균의 포자
크립토스포리디움
(기생성 원충)

그림 1 • 미생물이 소독에 견디는 정도

강할수록 소독하기 힘들다.

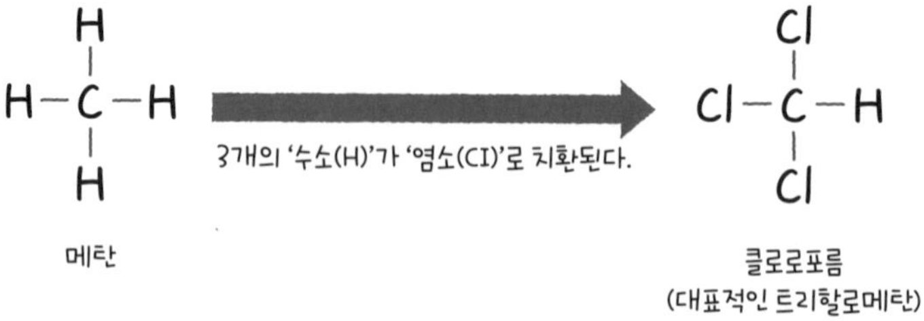

H–C–H (메탄)　　3개의 '수소(H)'가 '염소(CI)'로 치환된다.　　Cl–C–H (클로로포름, 대표적인 트리할로메탄)

그림 2 • 트리할로메탄이란?

1974년 미국의 로버트 해리스는 「해리스 보고서」라는 논문을 발표했다. 수돗물의 염소와 암의 관계를 밝힌 이 보고서는 염소처리한 수돗물을 마시는 지역에서 암으로 인한 사망률이 10만 명당 33명이 더 많다며 주된 원인은 수돗물에 들어 있는 클로로포름이라고 주장했다. 하지만 현재는 그 내용이 과장되었다는 평가를 받고 있다.

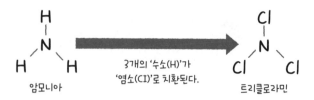

암모니아　　3개의 '수소(H)'가 '염소(CI)'로 치환된다.　　트리클로라민

그림 3 • 염소 냄새의 원인

특히 트리클로라민은 미량으로도 냄새를 느낄 수 있는 물질이다.

암 물질인 **트리할로메탄**trihalomethane이 만들어진다. 염소가 탁한 물과 결합하여 독특한 염소 냄새나 석회 냄새라고 불리는 '냄새 물질'이 만들어지기도 한다. 이들은 전 염소처리 과정에서 생긴다. 트리할로메탄은 메탄CH_4의 4개 수소 원자 중 3개가 할로겐 원자염소Cl, 브롬Br, 요오드I로 치환된 분자이다. '트리tri'는 3가지, '할로halo'는 할로겐halogen이라는 뜻이다. 유기물이 많은, 즉 더러워진 물일수록 트리할로메탄이 많이 생긴다. 특히 온도가 높은 쪽에 많이 생기기 때문에 여름에는 트리할로메탄 농도가 높아진다.

가정집 수도에는
어떤 정수법을 쓸까?

정수장의 정수 방법, 즉 수돗물을 만드는 방법에는 완속 여과 방식, 급속 여과 방식, 고도정수처리 방식, 이 세 가지 방식이 있다. 각각의 특징을 한번 살펴보자.

완속 여과 방식은 큰 침전지에 모래를 깔고 수원지의 물을 하루에 4~5 m 속도로 미생물이 사는 모래층을 통과하게 하여 여과한다. 맛있는 물이 생기지만 처리할 수 있는 수량이 적고 넓은 면적이 필요하며 유지보수가 힘들어 정수장 전체에서 차지하는 비율은 적다.

급속 여과 방식은 대부분의 정수장에서 도입하고 있다. 오염을 분해하는 데 미생물 대신에 염소(전 염소처리)를 사용한다.

고도정수처리 방식은 새로운 정수 방법이다. '고도'라고 하는 것은 일반적인 정수처리에 추가로 실시하는 처리를 말한다. 대표적으로 오존처리, 활성탄처리, 생물처리 등이 있다. 예컨대 유기물 등의 오염을 분해하는 데 염소가 아닌 오존을 사용한다. 곰팡이 냄새도 없어지고, 같은 조건으로 블라인드 테스트를 해봐도 미네랄 워터와 별 차이를 느낄 수 없을 정도이다.

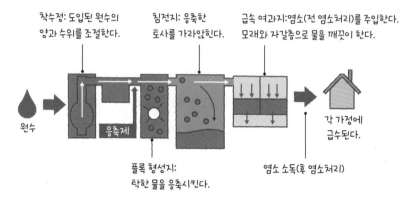

착수정: 도입된 원수의
양과 수위를 조절한다.

침전지: 응축한
토사를 가라앉힌다.

급속 여과지:염소(전 염소처리)를 주입한다.
모래와 자갈층으로 물을 깨끗이 한다.

원수

응축제

각 가정에
급수된다.

플록 형성지:
탁한 물을 응축시킨다.

염소 소독(후 염소처리)

그림 4 • 급속 여과 방식 구조

수중의 작은 토사나 세균류 등을 약품으로 응집, 침전시킨 후 윗물(액체 침전물의 윗부분에 생기는 맑은 물)을 하루에 120~150 m 속도로 급속 여과지의 모래층에 통과시켜 물을 깨끗하게 만든다. 좁은 부지에서도 실시할 수 있다.

참고: 도쿄도 수도국(https://www.waterworks.metro.tokyo.jp/suigen/topic/26.html)

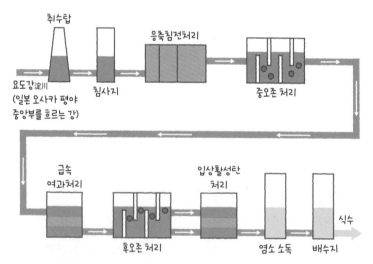

취수탑

응축침전처리

요도강淀川
(일본 오사카 평야
중앙부를 흐르는 강)

침사지

중오존 처리

급속
여과처리

입상활성탄
처리

식수

후오존 처리

염소 소독

배수지

그림 5 • 고도정수처리 방식 구조

오사카시의 예이다. 곰팡이 냄새를 제거하고 트리할로메탄 생성도 적어 맛있는 물이 만들어진다.

참고: 오사카 물·환경 솔루션 기구(https://owesa.jp/technology/)

'수돗물은 맛이 없다'고 불만의 목소리를 높였던 시절이 있었다. 수돗물 처리가 급속 여과 방식에서 고도정수처리 방식으로 바뀌기 시작한 것은 그 무렵부터이다. 특히 원수가 되는 강물이 오염되어 급속 여과 방식으로 정수할 때는 강한 염소 냄새나 곰팡이 냄새로 인해 불만이 많았던 것이다. 그 후 급속 여과 방식에서 고도정수처리 방식으로 전환하자 도쿄와 오사카의 수돗물 맛이 극적으로 달라졌다.

발열내의가
따뜻한 이유는 뭘까?

따뜻한 속옷 중 하나인 '흡습 발열 소재'로 만들어진 속옷의 구조를 생각해보자. 흡
습 발열 소재로 된 섬유는 수증기가 이슬이 될 때 주위에 열을 방출하는 구조로 되
어 있다.

물의 상태 변화 물질은 약 1억 배로 늘려도 1 cm 정
도밖에 되지 않는 아주 작은 원자나 분자들이 많이 모여서 만들어진다. 물이
라면 얼음, 물, 수증기, 즉 **고체, 액체, 기체**라는 세 가지 상태가 있다. 세 가지
상태의 차이는 물 분자가 집합하는 방법이 다르다는 데 있다. 고체나 액체는
물 분자들이 서로 붙어서 모여 있다. 기체인 수증기는 하나하나의 물 분자가

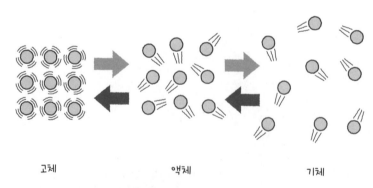

고체   액체   기체

그림 1 • 물 상태의 변화와 물 분자의 결합

따로 떨어져 있어서 빠른 속도로 자유롭게 훨훨 날아다닌다.

액체인 물과 수증기 사이의 상태 변화와 열의 출입

액체인 물을 가열하면(외부에서 에너지를 가하면) 수증기가 된다. 이때 가한 열은 **기화열**이다. 반대로 수증기를 냉각하면 물이 된다. 수증기가 이슬(액체 상태의 물)이 되면 어떻게 될까? 하나하나의 물 분자가 제각각 훨훨 날아다니던 수증기가 응축되어 이슬이 되면 주위에 열을 방출한다. 즉 주위의 온도가 올라가는 것이다.

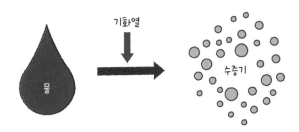

물은 주위에서 '기화열'을 빼앗아 수증기가 된다.

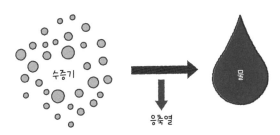

이때의 열이 '응축열'이다. 수증기는 응축열을 주위로 방출하고 물이 된다.

그림 2 • 물⇄수증기와 기화열, 응축열의 관계

따뜻한 속옷으로
유명한 흡습 발열 소재

울양모 섬유는 인체에서 나오는 수증기를 흡수해 수분으로 바꾸는데 그때 **응축열로 따뜻해지는 성질**이 있다. 하지만 양모는 가격이 비싼데다 곱슬곱슬한 섬유 구조로 되어 있어 가정에서 세탁하기 힘들다는 단점이 있었다. 그래서 양모보다 섬유를 가늘게 하여 전체 표면적을 늘림으로써 수분을 많이 함유하도록 한 합성 섬유가 개발되었다. 이것이 바로 **흡습 발열 소재**이다. 일본에서는 2003년에 유니클로가 '히트텍'을 내놓아 인기를 끌었다. 화학섬유 업체들은 수분 흡수율이 낮은 화학섬유가 얼마나 많은 수증기를 확보하느냐를 놓고 격전을 벌이고 있다. 흡습 발열 소재라도 수분이 많으면 습기로 차가워질 수 있다.

에어포켓(공기층)을 크게 하여
보온성을 높인다

흡습 발열 소재를 살리기 위해서는 보온성이 중요하다. 이때 보온성은 공기와 큰 관련이 있다. 공기는 열전도율이 낮으므로 의복 안에 더 많은 따뜻한 공기층을 만들면 그만큼 보온력을 높일 수 있다. 그 대표적인 아이디어 중 하나가 '원단 내에 많은 공기를 모아 두고 따뜻해진 공기가 밖으로 나가지 않게 한다'라는 것이다.

예컨대 울은 미세한 보풀이 공기를 가두기 때문에 그물코에 있는 공기가 이동하기 어렵고, 체온으로 따뜻해진 그물코의 공기가 몸을 덮어 바깥 공기를 막아준다. 거기다 섬유 단면 한가운데가 비어 있는 **중공中空섬유중공사**를 사용하면 섬유 공동 부분에 공기를 모아 둘 수 있을 뿐만 아니라 내부가 비어 있으므로 가볍다. '따뜻함'과 '가벼움'이라고 하는 2가지 성능이 향상되는 셈이다.

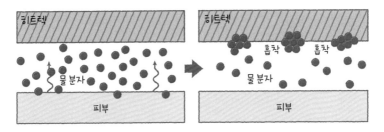

그림 3 • 히트텍 레이온의 흡습 발열

사람 피부에서 나오는 물 분자를 히트텍 레이온이 흡착한다. 수증기가 물이 될 때 응축열로
발열한다.

그림 4 • 패딩 보온성이 높은 이유

물새 깃털에는 가는 섬유 틈새에 공기가 많이 내포되어 있다. 깃털을 넣은 패딩은 그 안에
있는 공기의 비율이 98% 이상이기 때문에 단열 보온성이 뛰어나다.

히트텍에서는 레이온의 외부에 극세 가공된 마이크로 아크릴을 배치한다. 이렇게 하면 섬유와 섬유 사이에 생기는 에어포켓공기층이 커져 보온성이 높아진다.

지하철 개찰구는 어떻게 자동으로 개찰이 되는 걸까?

통근이나 통학에 매일 사용하는 자동 개찰구는 센서로 사람을 감지하면서 고속으로 승차권 처리도 한다. 자동 개찰구는 개찰구의 혼잡 해소와 부정 방지에 도움이 되기도 한다. 자동 개찰구가 어떤 구조로 되어 있는지 알아보자.

**적외선 센서로
사람 접근을 감지**   자동 개찰기는 일본 전국에 27,000대 이상이 설치되어 있는 기계식 개찰기이다. 문, 표시부, 적외선 센서, IC 카드 식별기, 반송부로 구성되어 있다. 반송부라는 것은 자동 개찰구에서 표를 투입구에서 반출구까지 운반하면서 방향을 고쳐 데이터를 판독하고 구멍을 뚫거나 회수하는 부분이다.

승객이 자동 개찰기에 접근하면 **적외선 센서**가 감지하여 우선 문을 닫는다. 적외선 센서는 통로 측면에 여러 개가 있어서 하나가 짐 등으로 막혀도 다른 적외선 센서가 감지할 수 있게 되어 있다. 그리고 터치된 IC 카드에서 즉시 운임을 계산하고 잔액에서 빼거나 투입된 표를 확인한다. 통과시켜도 좋다면 문을 열어준다. 자동개찰구는 센서 기술과 컴퓨터를 사용하여 표 체크, 정산, 카드 판독 등 많은 처리를 순식간에 하는 것이다.

자동 개찰구 역사는 의외로 오래되었다. 동전이나 토큰을 넣고 게이트

그림 1 • IC 카드와 표, 둘 다 이용할 수 있는 타입

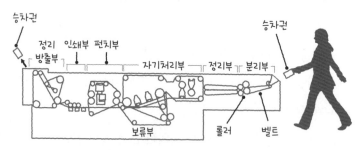

그림 2 • 반송부의 내부구조

를 회전시켜 통과한 것이 시작이다. 일본에서는 1927년에 개통한 도쿄 지하철부터 도입했다. 1969년부터 현재와 같은 마그네틱 제품을 사용하기 시작했고, 2001년에는 IC 카드도 나왔다. 자동 개찰기는 원래 **개찰구의 혼잡을 해소하기 위한 목적**으로 도입되었다. 자동 개찰기를 설치하면 역무원이

필요 없으므로 통로 폭을 넓힐 수 있고 대수를 늘리면 한 번에 많은 사람이 개찰구를 통과할 수 있다. 동시에 표의 입장 기록을 정확하게 확인할 수 있으므로 부정 승차도 극적으로 감소하게 된다.

고객 서비스
향상에도 사용
최신 자동 개찰기는 IC 카드나 스마트폰으로도 개찰구를 통과할 있다. 자동 개찰기에서 미약한 전파_{단파}가 나오기 때문에 판독 부분에 IC 카드나 스마트폰을 대면 전파의 전력을 사용해 데이터가 송수신된다. 전파만 닿으면 카드를 지갑이나 가방 등에 넣은 채로 승객이 개찰구를 통과할 수 있고 운행하는 측에서도 티켓 발행과 회수의 번거로움이 줄어든다는 장점이 있다.

현재 자동 개찰구는 LAN 케이블 등으로 개찰 담당자의 단말기와 역의 컴퓨터에 연결되어 있어 승객의 출입 기록을 즉시 본사에 보낼 수 있다. IC

그림 3 • IC 카드의 처리 흐름

'검출'→'인식'→'판독'이 0.1초 안에 일어난다.

그림 4 • IC 카드

카드 안에 잔액 정보나 개인정보, 이용 이력 등이 기록된다.

카드 **이력을 쉽게 추적**할 수 있게 되면서 부정 승차가 한층 어려워졌다. 승차 역과 하차 역의 데이터OD 데이터. O는 'Origin출발지', D는 'Destination목적지'도 간단하게 모을 수 있으므로 이를 토대로 **서비스를 향상**시키는 데도 이용한다.

하지만 자동 개찰기에도 번거로운 점은 있다. 어른(중학생 이상)과 어린이, 어린이와 유아(무료)를 구별해야 할 경우다. 일본의 철도회사에서는 중학생 이상을 성인으로 하고 있지만, 예를 들어 초등학교 6학년과 중학교 1학년은 신장 센서만으로는 구별하기 어렵다. 그 때문에 어린이용 표나 IC 카드 안의 생년월일 정보를 바탕으로 소리를 울리거나 램프를 점등하거나 해서 역무원이 '정말로 어린이가 지나고 있는지' 여부를 눈으로 판단하는 수밖에 없다.

철도는 어떻게 스케줄을 소화하며 매일 운행하는 걸까?

수도권 철도 중 편수가 많은 노선의 경우 출퇴근 시간에는 2분 정도 간격으로 열차

를 운행한다. 이것은 세계에서도 유례를 찾아볼 수 없는 과밀 운행이다. 여기서는

과밀 다이어그램을 실현하는 신호 구조와 다이어그램 구조에 대해 생각해보자.

철도 신호와
도로 신호의 차이

자동차용 도로에서는 운전자가 차간
거리를 조절하고, 교차로를 통과할 것인지 정지할 것인지 신호를 보고 판단
한다. 하지만 철도는 항상 일정한 간격을 유지하면서 운행하도록 되어 있다.
동일 선로상을 운전하는 열차가 추돌하거나 충돌하는 것을 방지하기 위하
여 선로를 적당한 구간으로 분할하고 그 구간, 즉 일반적으로 출발신호기와
인접역 장내 신호기까지의 구간에는 한 열차만 운행할 수 있도록 일정한 거
리마다 경계를 두어 분할한다. 이것을 **폐색**이라고 한다.

　폐색 구간을 짧게 하면 많은 열차를 달리게 할 수 있지만, 속도가 너무
빠르면 빨간 신호에 멈출 수 없게 된다. 그래서 빨강·노랑·초록 3가지가 아
니라 '빨강', '노랑/노랑', '노랑', '노랑/녹색', '녹색'의 **5가지 신호**로 만들어 속
도를 제한한다. 녹색이면 법령상 최고속도 시속 160 km, 노랑/녹색이면 시
속 130 km, 노랑이면 시속 65 km, 노랑/노랑이면 45 km, 빨강이면 0 km라

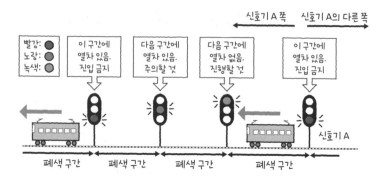

그림 1 • 폐색

'궤도회로'라는 장치로, 열차의 바퀴에 의해 2개의 레일 사이를 단락시켜 폐색 내에 열차가 선 위에 있는지 판별한다.

종류	정지(R)	경계(YY)	주의(Y)	감속(YG)	진행(G)
속도	0 km/h	25 km/h 이하	40~65 km/h 이하	50~85 km/h 이하	제한없음*
2현시	●		●		
3현시	●		●		●
4현시	●	●	●		●
4현시	●		●	●	●
5현시	●	●	●	●	●

*제한속도는 사업자에 따라 다소 차이가 있다.

그림 2 • 철도 신호 이미지(색등식)

종래에는 전구를 광원으로 했지만, 최근에는 도로용 신호와 마찬가지로 LED가 보급되었다. 만일 신호가 들어오지 않을 경우에는 '정지'라는 의미다.

는 식으로 철도회사마다 제한속도를 만들어서 다음 폐색 구간에 들어가는 열차속도와 앞 열차와의 간격을 조정하는 것이다.

종착역에서는 열차가 너무 빠르게 통과하지 않도록 충분히 감속하여 진입하지만 역에 따라서는 중간역과 같은 속도로 진입할 수도 있다. 선로를 훨씬 앞까지 깔아서 만일 정지 위치를 지났다고 해도 탈선하지 않도록 해놓았기 때문에 고속으로 진입할 수 있는 것이다.

어떻게 과밀 스케줄을 소화해낼까

다이어그램diagram이란 열차 운행 도표를 말한다. 그림 3과 같이 역을 세로축으로, 시간을 가로축으로 취한 그래프상에 열차 운행을 나타낸다. 우하행 또는 우상행처럼 같은 기울기 방향의 열차는 진행 방향이 같기 때문에 역이나 신호장 등 대피할 수 있는 장소 이외에서는 선이 교차해서는 안 된다.

다이어그램은 역 간 거리와 신호 간격 등을 고려하여 열차 속도를 결정하고 선을 그어 열차 운행 간격을 결정하게 되어 있다. 일본의 철도 다이어그램은 도착·출발 시간과 통과 예정 시간이 길어야 15초 간격, 조밀한 노선은 5초 간격으로 설정되어 있다.

교차하는 선로가 있는 역에서는 통과 대기를 두어 나중에 온 열차가 먼저 도착한 열차를 추월할 수 있게 만들었다. 이런 역에는 같은 방향의 열차가 동시에 정차할 수 있도록 플랫폼을 많이 만들기도 하고, 통과 열차 전용 선로를 만들어 두기도 한다.

도시권에서는 상호 노선 연장 등도 있어, 담당자가 꼼꼼하게 조정하고 정기적으로 시간표를 다시 만든다. 단선 구간에서는 상행 열차와 하행 열차

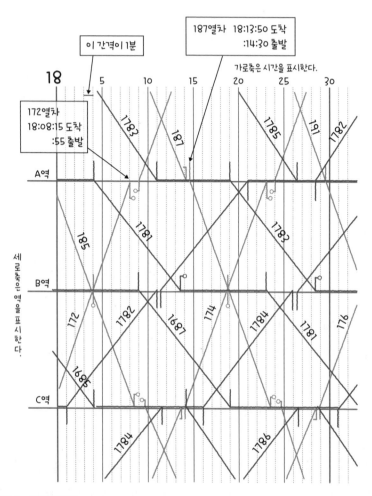

그림 3 • 다이어그램

시간의 한 눈금은 1분이나 2분 간격 등 다양하지만, 어느 다이어그램이나 세로축이 역이고 가로축이 시간이다.

를 동시에 달리게 하면 정면충돌이 일어날 수 있다. 그래서 역이나 신호장 등 이중선으로 되어 있는 곳에는 마주 오는 열차가 지나가기를 기다리도록 통과 대기 다이어그램을 만든다.

다이아몬드 모양처럼 보여서
다이어그램이라고 부른다
이렇게 만들어진 다이어그램은 상행 열차를 나타내는 선과 하행 열차를 나타내는 선에 의해 다이아몬드 모양처럼 보이기 때문에 다이어그램이라고 부르는 것이다. 열차 사진을 직접 찍는 마니아 중에는 좋아하는 차량이 달려오는 순간을 포착하려고 다이어그램을 지참하는 사람도 많다.

얼굴 인증할 때 어디를 보고
본인 여부를 판단하는 걸까?

스마트폰이나 디지털카메라로 스냅 사진을 찍으려고 하면 피사체의 얼굴 부분이 사각 마크로 둘러싸인다. 이러한 얼굴 인증 기능이 어떻게 되어 있는지 생각해 보자.

얼굴 모양
인식부터 시작

한 장의 이미지 속에서 '얼굴'을 인식하는 기술 연구는 1970년대에 시작되었다. 사람은 얼굴이 평면이기 때문에 세로로 긴 동그라미 안에 눈이 두 개, 코가 하나, 입이 하나인 위치 관계를 찾을 수 있도록 연구해 개발했다. 이것을 보텀업Bottom-up, 상향식 방식이라고 한다.

하지만 정면 사진처럼 정면으로 찍힌 얼굴은 보텀업 방식으로도 그럭저럭 인식할 수 있지만, 실제 스냅 사진에서는 옆을 향하고 있거나 고개를 숙이고 있는 경우도 드물지 않다. 안경을 쓰고 있을 때도 있지만 벗고 있을 때도 있고, 화장 상태도 매우 다양하다. 그래서 '피부색 인식'이나 '머리카락 분포', '머리-목선-어깨 실루엣 인식' 등 다양한 기술이 생겨났고 개선을 거듭했다. 하지만 어느 쪽도 결정타가 되지 못했고, 얼굴 인식 기술은 교착상태에 빠졌다.

그림 1 • 최근 디지털카메라의 얼굴 인식

최신 디지털카메라는 피사체의 얼굴 부분을 자동으로 감지한다.

계기는 한 편의 논문

2001년 미국 MIT의 비올라Viola 박사와 존스Jones 박사는 컴퓨터 통계학 연구를 통해 순간에 확실하게 물체를 구분하는 방법을 발표했다. 간단히 말하면 대상물을 세세한 정사각형으로 나누고 하나하나를 자세히 조사한 결과를 조합해 판정하는 것으로 '비올라 존스 안면인식법'이라고 부른다.

원래 해당 연구는 사진이나 얼굴 인증과는 관련이 없었으나 이 연구 성과를 응용할 줄 아는 기술자가 있었다. 사람 얼굴도 똑같이 자세하게 조사하면 인증이 되는 게 아닐까 생각한 것이다. 먼저 얼굴 이미지 자체를 학습시킨 후 비올라 존스 안면인식법을 응용하여 단순하게 처리하고, 고속으로 정확도 높은 학습기법을 적용하여 충분히 실용성을 유지하는 기술을 개발해 냈다. 구체적으로는 **그림 2**와 같이 일정한 크기의 프레임 안에 흰색과 검은

그림 2 • 얼굴 인식 패턴

왼쪽과 같은 다양한 패턴이 사진 속에서 조금씩 위치를 바꾸면서 얼굴을 인식한다.

색 사각형 패턴을 여럿 준비한다. 이 패턴을, 인식하고자 하는 사진에 넣어 조금씩 위치를 바꿔 적용시켜 흑과 백의 콘트라스트를 기본으로 한 평가를 산출해 종합적으로 얼굴 인증을 실시하는 것이다.

**방대한 얼굴 사진의
수집과 학습**　　　　　　　　'입으로 말하기는 쉽지만 실행하기는 어렵다'는 말이 있듯이 이 패턴을 맞추기 위해서는 다양한 얼굴 모양과 각도를 학습시켜야 한다. **방대한 얼굴 사진을 학습시킬 필요가 있는 것이다.** 개발업체는 모든 장면의 얼굴 사진을 입수해 소프트웨어에 학습시켜나갔다.

　　오늘날의 디지털카메라나 가정용 컬러프린터에 이용되는 방법은 각 회사 모두 비공개지만 대체로 이를 기반으로 한다고 생각하면 된다. 현재는 일본 전자회사 오므론이 선두업체로 애플과 그 외 기업에 얼굴 인식 엔진OKAO

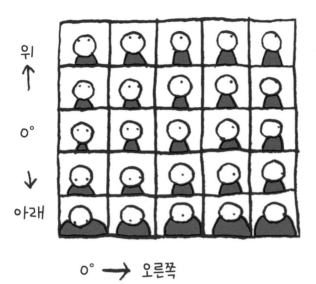

위

↑

0°

↓

아래

0° → 오른쪽

그림 3 • **안면인식법을 개발하는 데는 대량의 얼굴 데이터베이스가 필요**

수천 명의 얼굴에서 3차원 형상이나 다양한 기관 형태의 특징을 3D 모델로 만들어낸다.

Vision을 제공한다. 그리고 도시바와 기타 일본 디지털카메라 제조업체들이 오므론에 이어 얼굴 인증 기술개발을 진행하여 일본이 세계적으로 선두에 있다.

학교 교육과 환경 활동에 파고든 EM균

유용미생물군의 정식명칭은 Effective Microorganism의 머리글자를 딴 EM이나 보통 미생물이라는 것을 알 수 있도록 EM균이라고 부른다. EM균은 일본 류큐대학 농학부 교수였던 히가 데루오 박사가 토양개량을 위해 개발한 미생물인데, EM 연구기구와 EM 관련 회사가 EM균의 상품군을 판매하기 시작해 특정 회사에서 판매하는 상품명을 의미하게 되었다.

EM균을 판매하는 업체에서는 EM균을 '유산균, 효모, 광합성세균 같은 미생물이 하나가 된 공생체'라고 밝히고는 있지만 무엇이 어느 정도 들어 있는지에 대한 조성은 명확하지 않다. 광합성세균이 함유되어 있지 않다고 하는 조사 보고도 있으나 유산균은 함유되어 있기 때문에 일반적으로 그 기능은 인정하고 있다.

히가 데루오 박사는 EM균이 음식물 쓰레기 처리, 수질 개선, 자동차 연비 절감, 콘크리트 강화, 모든 질병 치유 등에 효과가 있다며 마치 'EM이 만능'인 것처럼 말해왔다. '무엇이든지 좋은 것은 EM 덕분이고, 나쁜 일이 발생했을 때는 EM이 극도로 부족하다'는 인식을 만든 것이다. EM균에 둘러싸인 장소를 '결계성스러운 대상을 지키는 지역'로 생각하는 일도 있다. 예를 들면 오키나와 본섬은 EM 결계이므로 태풍이 빗나가거나 피해가 적다고 말하기까지 한다. EM균에 빠져 있는 사람들은 강·호수·바다에 EM균을 경단 모양으로 만들어 던지는 활동을 하지만, 이에 대해 '환경 정화 근거가 약하고, 환경오염 가능성마저 있다'는 등의 비판이 있다.

제2장

오후에
마주치는
과학

비행기는
어떻게 하늘을 나는 걸까?

날씨가 좋은 날 하늘을 올려다보면 비행기가 날고 있을 때가 있다. 여행이나 출장

을 가기 위해 비행기를 탄 적이 있는 사람도 많을 것이다. 자동차보다 훨씬 크고 무

거운 비행기가 어떻게 하늘을 날 수 있는 걸까? 그 이유를 생각해보자.

100년이 지나도
계속되는 논쟁
라이트 형제가 첫 비행에 성공한 지 100년이 넘은 지금까지도 사람들은 커다란 비행기가 어떻게 하늘을 날 수 있는지 흥미로워한다. 비행기가 날 수 있는 것은 날개 위쪽의 공기 흐름이 아래쪽의 속도보다 빨라 윗면의 압력은 낮고 아랫면의 압력은 높다는 **압력 차**와, 비행기 전체에 날개를 아래서부터 밀어 올리는 힘, 즉 양력이 작용하기 때문이다. 이로 인해 비행기가 뜰 수 있게 된다.

비행기는 이륙하기 위해, 비행기 날개를 진행 방향을 향해 앞으로 올라간 **받음각** 상태에서 속도를 높인다. 이때 비행기 날개 아래쪽에서는 공기가 아래로 밀려 내려가게 된다. 공기도 같은 크기로 방향이 반대인 힘을 비행기 날개에 미치므로(작용 반작용의 법칙) 비행기 날개는 아래쪽을 지나는 공기 때문에 위로 밀어 올리는 힘을 받는다. 이것이 **비행기 날개를 아래에서 위로 떠받치는 힘이 된다**(이때 비행기 날개의 아래쪽 공기 압력은 높아진다).

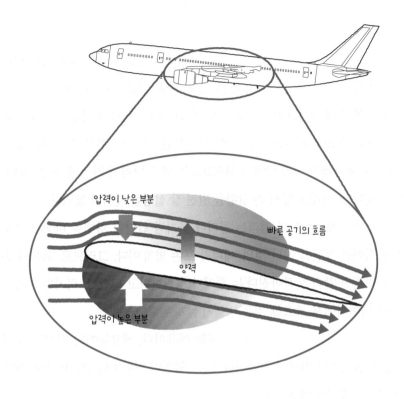

그림 1 • 비행기 날개 주위의 공기 흐름과 양력

아래로 밀려난 공기의 흐름은 같은 크기로 비행기 날개를 위로 밀어 올린다.

　　그렇다면 비행기 날개 위쪽에서는 어떤 일이 일어나는 것일까. 공기의 흐름을 인공적으로 만들어내는 장치 안에 많은 센서를 단 비행기나 비행기 날개의 모델을 넣어 측정한 결과를 보면, 비행기 날개의 위쪽에서는 아래쪽보다도 공기의 흐름이 빨라지고, 압력이 낮은 부분과 비행기 날개를 위에서 누르는 힘이 약한 부분이 생기는 것으로 알려져 있다. 하지만 그것이 어떤 구조로 일어나는지는 아직 명확하게 밝혀지지 않았다.

정확하지 않은 설도
널리 퍼져 있다
비행기가 나는 이유에 대해서는 널리 알려져 있긴 하지만 정확하지 않은 것도 있다. 그중 하나가 '베르누이의 정리에 의한 설명'이다. 베르누이의 정리를 간단히 설명하면 비행기 날개의 위쪽은 아래쪽보다 공기의 흐름이 빠르므로 위쪽은 아래쪽보다 압력이 낮아진다. 그 때문에 비행기 날개 전체적으로는 위로 밀어 올리는 힘을 받는다고 하는 것이다. 이것은 앞서 쓴 상황을 일견 잘 설명한 것처럼 보인다.

확실히 베르누이의 정리는 공기나 물처럼 간단히 형태를 바꿔 흐르듯이 움직이는 성질을 지닌 것의 '에너지 보존 법칙'이다. 그러므로 '흐름의 속도가 커지면 압력은 작아진다'는 관계가 성립한다고 말한다. 하지만 지금까지 한 이야기에서 중요한 것은 **비행기 날개 위쪽에서는 왜 공기의 흐름이 빠르고 압력이 낮은 부분이 생기는가** 하는 이유이다. 베르누이의 정리는 '공기 흐름이 빨라지면 압력이 작아진다' 또는 '압력이 작아지면 흐름이 빨라진다'는 결과는 뒷받침해주지만 **중요한 이유는 설명하지 못한다.**

비행기 날개 끝부분이
뾰족하다는 것이 중요
비행기가 날기 위한 양력을 만들어내는 비행기 날개는 **쿠타의 조건**주콥스키의 가정이라고 하는 조건을 만족시켜야 한다. 바로 **비행기 날개 뒷부분이 뾰족하다는 것이다.** 이러한 비행기 날개에서는 앞쪽에서 비행기 날개의 위쪽과 아래쪽으로 나누어진 흐름이 비행기 날개의 뒤쪽에서 한 번 더 매끄럽게 합류한다는 것을 알 수 있다. 이 사실을 각자 발견한 독일 과학자 마르틴 쿠타와 러시아 과학자 니콜라이 주콥스키의 이름을 따서 쿠타의 조건, 주콥스키의 가정이라고 한다.

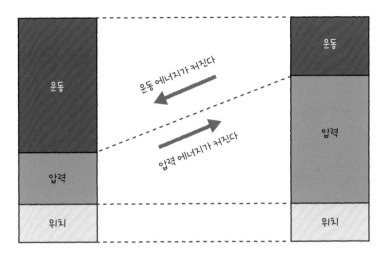

그림 2 • 베르누이의 정리는 에너지 보존 법칙이 본질

베르누이의 정리에서는 '유체가 가진 운동 에너지, 압력 에너지, 위치 에너지를 합친 것은 변하지 않는다'고 설명한다. 하지만 비행기 날개 위쪽에서 왜 흐름의 속도가 빨라지고 압력이 작아지는지는 전혀 설명하지 못한다.

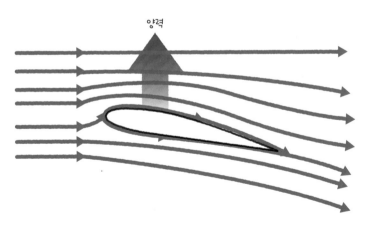

그림 3 • 쿠타의 조건을 만족시키는 비행기 날개와 그 주변에서 관측되는 공기의 흐름

비행기 날개의 앞쪽에서 위아래로 나뉜 흐름은 뒤쪽 끝에서 매끄럽게 합류한다. 이런 상황에서 양력이 만들어진다.

시야가 흐릿해도 여객기가 안전하게 착륙할 수 있는 이유는 뭘까?

심한 악천후에도 여객기가 안전하게 착륙해서 안도의 한숨을 쉰 경험이 있는 사람도 있을 것이다. 여객기는 짙은 안개 등으로 시야가 좋지 않을 때도 안전하게 활주로에 착륙할 수 있는 시스템이 있다. 그 구조를 살펴보자.

시야가 좋지 않은데도
착륙할 수 있는 건 전파 덕분

공항은 관제사가 있는 공항과 없는 공항이 있다. 관제사가 없는 공항비행장에 착륙하는 경우 조종사는 지정된 무선 주파수로 자신이 탄 비행기의 위치를 통보하면서 착륙한다. 관제사가 있는 공항에 착륙하는 경우 무선 통화를 통해 활주로 진입 방위 및 진입 고도를 유도 받아 최종 착륙 코스로 진입한다. 여기서는 주로 관제사가 있는 공항의 경우를 살펴보겠다.

비행기가 활주로에 접근하여 활주로 진입 코스에 들어가면 관제사는 2종류의 전파로 착륙에 필요한 **3차원 정보**를 여객기에 보내준다. 하나는 활주로의 중심선을 기준으로 좌우를 벗어나지 않도록 하는 **로컬라이저**localizer 이고, 또 하나는 하강하는 각도를 3도 정도로 맞추도록 알리는 **글라이드 슬로프**glide slope다. 이 두 전파를 사용해 활주로에 정확히 진입·착륙하도록 항공기를 유도하는 시설을 **계기착륙장치**ILS, Instrument Landing System라고 한다.

그림 1 • 계기착륙장치의 개요

계기착륙장치ILS는 조종사가 활주로에 정확하게 진입·착륙하도록 전파에 의한 3차원 정보를 보내주는 시스템이다.

그림 2 • 정밀 진입경로 지시등

지상에서 촬영했으므로 4개 지시등 모두 빨갛게 보인다.

계기착륙장치는 정기 여객편이 이착륙하는 대부분 공항에 갖춰져 있다.

착륙하는 광경을 기내에서 볼 수 있을 때는 활주로 옆에 있는 적색과 백색 지시등 4개정밀 진입경로 지시등를 확인할 수 있다. 바깥쪽 2개가 백색, 안쪽 2개가 적색으로 보이면 이상적인 진입각을 뜻하고, 적색이 많으면 하강 코스보다 낮고 백색이 많으면 하강 코스보다 높다는 것을 나타낸다.

카테고리 IIIb를 사용할 수 있는
활주로는 자동 착륙 가능
계기착륙장치를 정확도가 낮은 순서로 말하자면 카테고리 I, II, IIIa, IIIb구시로 공항, 신치토세 공항, 아오모리 공항, 도쿄국제공항, 나리타 국제공항, 중부 국제공항, 히로시마 공항, 구마모토 공항, IIIc(일본에는 없음)가 있다.

가장 정확도가 낮은 카테고리 I의 활주로에서는 활주로 가시거리활주로를 바라볼 수 있는 거리가 550 m 이상이어야 착륙할 수 있다. 결정 고도(착륙을 시도할 것인가 아니면 접근을 포기할 것인가를 결정해야 하는 고도)도 60 m 이상이다. 그다음으로 정확도가 좋은 카테고리 II에서는 활주로 시거리가 350 m 이상이면 되고, 결정 고도도 30 m 이상이다. 현재 일본 내에서 사용되고 있는 가장 고도의 계기착륙장치인 카테고리 IIIb가 도입된 활주로에서는 활주로 시거리가 50 m 이상 200 m 미만이고, 결정 고도는 설정되어 있지 않거나 15 m 미만이다. 카테고리 IIIb의 경우는 자동 착륙오토랜딩이 가능하다.

계기착륙장치는
악천후 이외에도 도움
계기착륙장치는 악천후로 시야가 나쁜 경우뿐만 아니라 기체 고장으로 회항하는 경우, 긴급하게 가장 가까운 낮

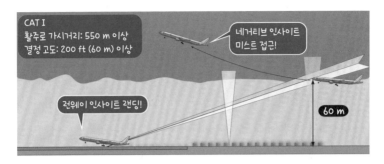

그림 3 • 계기착륙장치 카테고리 I

그림 4 • 계기착륙장치 카테고리 II

그림 5 • 계기착륙장치 카테고리 IIIb

선 공항에 착륙하는 경우 등 조종에 여유가 없을 때도 매우 유용한 시스템이다. 여러 개의 활주로가 있는 공항의 경우, 모든 활주로에 같은 카테고리의 계기착륙장치가 도입되어 있다고는 할 수 없다. 특정 활주로에만 또는 같은 활주로라도 한 방향에만 정확도가 높은 카테고리의 계기착륙장치가 설치되어 있을 수 있다. 예컨대 도쿄국제공항에서는 C 활주로에 남쪽에서 진입(북쪽으로 착륙)하는 34R은 카테고리 IIIb를 이용할 수 있지만, 반대로 16 L은 이용할 수 없다.

15

휴대전화 음성은
진짜 목소리가 아니라고?

스마트폰에서 들려오는 목소리는 진짜 목소리처럼 들린다. 그런데 이 소리가 진짜

목소리일까? 스마트폰에서 들려오는 가족이나 친구의 목소리 비밀을 찾아보자.

**아날로그 방식보다
명료하게 대화할 수 있는 디지털 방식**　　　원래 전화는 전선으로 연결되어
있었다. 전화 목소리는 마이크송화기에 의해서 직접 전기 신호로 바뀌고 그
신호가 전선을 통해서 상대에게 보내진다. 그 신호가 스피커수화기에서 소리
의 진동이 되어 귀에 전해진다. 이것이 아날로그 방식의 전송 방법(그림1)이
다. 아날로그 방식은 신호화하는 구조·전송하는 구조가 간단하고 취급하기
쉽지만, 멀리 전하려고 하면 노이즈가 많아져 음질이 떨어진다.

　　그래서 생각해낸 것이 소리 신호를 디지털 신호인 0과 1의 신호 모임으
로 변환해서 전송하는 방식이다. 소리의 파형으로 디지털 신호를 생성해서
보내고, 받는 쪽에서는 그것을 다시 소리의 파형으로 복원한다. 이 방식은
취급하는 신호가 0과 1뿐이라서 노이즈가 중간에 들어갔다고 하더라도 쉽
게 제거되므로 선명한 데이터를 전달할 수 있다.

송신자의 음성은 소리의 진동을 통해 마이크에 의해 직접 전기 신호로 변환된다.

전기 신호는 그대로 전선을 통해 전달된다. 그 때문에 노이즈가 들어가면 신호가 약해지거나 없어진다.

받는 측에서 전선을 통해 전송되어 온 전기 신호로 스피커를 진동시켜 소리의 진동을 재현한다.

그림 1 ● 아날로그 방식의 전송

음성은 사전에 등록된 목소리의 파형 데이터로 작성

스마트폰 세계에서 현재 주류를 이루는 디지털 데이터 전송 방식은 코드 여기 선형 예측 부호화CELP, Code Excited

Linear Prediction 방식이다(그림 2). CELP 방식에서는 먼저 사람의 음성을 분석하여 **코드북**이라는 사전데이터베이스을 만든다. 이 코드북은 고정 코드북이라고 하는데, **43억 패턴의 목소리 파형 데이터가 등록**되어 있다.

핸드폰에 대고 얘기하면 음성이 분석된다. 입력된 소리는 파형 데이터와 진동 데이터로 분해된다. 파형 데이터는 데이터베이스상에서 어떤 파형인지를 나타내는 번호로 변환된다. 입력된 음성이 어떤 파형 데이터와 비슷한지를 순식간에(0.02초간) 해석하고 최적화하면서 코드화하는 것이다. 그리고 그 번호가 0과 1의 2진수로 변환된다. 진동 데이터도 숫자로 변환되고 다시 2진수로 변환된다.

0과 1로 코드화하는 과정을 **인코딩**encoding, 부호화이라고 한다. 이 방식으로는 음성 데이터를 직접 디지털화하지는 않기 때문에 데이터를 1초당 8킬로비트로 줄일 수 있다. 회선을 통해서 전송되어온 0과 1의 부호는 받는 사람 측에서 해석되어 파형 데이터가 데이터베이스에서 탐색되고, 소리의 진동 데이터를 부가해 한없이 보내는 사람의 목소리에 가까운 목소리로 합성된다. 이 과정을 **디코딩**decoding, 복호화이라고 한다.

CELP 방식은
컴퓨터의 발달로 실현
CELP 기술이 실현된 데는 컴퓨터 성능이 최근 급속히 발달한 것도 중요한 요소로 작용했다. 이 방식이 개발된 1983년 당시에는 슈퍼컴퓨터라 불렸던 크레이-1Cray-1으로도 계산하는 데 150초나 걸렸다. 실용적이지 못했던 것이다. 하지만 오늘날에는 고성능 컴퓨터가 손바닥에 올라올 정도로 작아지고 저렴해졌기 때문에 CELP 방식이 친숙한 기술이 되었다.

발신자 측의 음성은 스마트폰으로
분석되어 코드화된다.

코드화되어 데이터 양을 줄인 음
성 데이터는 0과 1이라는 디지털
데이터로 전송된다.

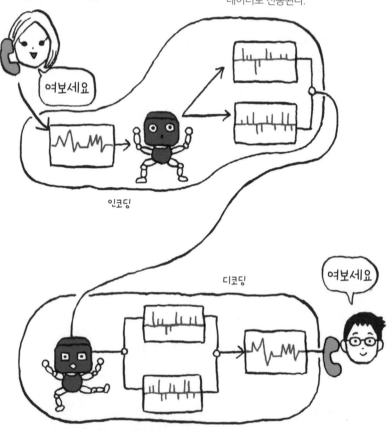

인코딩

디코딩

여보세요

수신자의 스마트폰에서 0과 1의 부호가 해석되고,
데이터베이스에서 탐색된 파형 데이터에 진동 데이
터를 부가하여 목소리를 합성한다.

그림 2 ● 디지털 방식의 전송

인터넷에서 사용되는 광섬유의 구조는?

총 길이 100만km 이상의 광섬유망으로 연결되는 인터넷은 일상생활에서 빼놓을 수 없는 인프라다. 전 세계에 빛의 점멸 신호를 전달하는 광섬유가 어떤 구조로 되어 있는지 생각해보자.

조합한 유리선에 빛을 가두어 전달　　　　통신의 정보량은 '단시간에 얼마나 많은 점멸 신호를 보낼 수 있는가'로 결정된다. 하지만 전기가 잘 통하는 금속선으로 전기 신호를 전달할 경우 고속 점멸이 가능한 고진동수의 전기 신호라면 손실이 커서 고속 통신에는 불리하다. 그래서 고진동수 전자파인 빛을 이용한다. 전기가 잘 통하는 금속선 대신 빛이 잘 통하는 유리나 플라스틱 가는 선을 이용해 원하는 곳에 빛을 인도하는 것이 **광섬유**이다.

　　하지만 '빛이 잘 통한다 = 빛이 샌다'는 것이기 때문에 어떻게 해서든 빛을 광섬유 안에 가둬야 한다. 광섬유를 거울로 덮고, 반사시켜 가두어도 거울의 반사율은 100%가 아니기 때문에 빛이 약해져 멀리까지 나아가지 않는다.

　　그래서 **전반사**라고 하는 빛의 성질을 이용한다(**그림 1**). 광속은 빛이 통과하는 물질에 따라 달라 광속이 다른 물질의 경계선에서는 굴절이나 반사

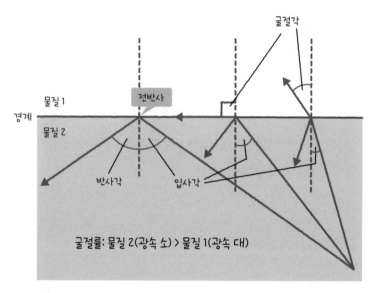

그림 1 • 전반사란?

광속이 다른 물질의 경계에서는 굴절과 반사가 일어난다. 굴절각이 90°에 이르면 물질 1에 들어가는 빛은 사라지고 모든 빛은 반사돼 물질 2에 갇힌다. 이것을 전반사라고 한다.

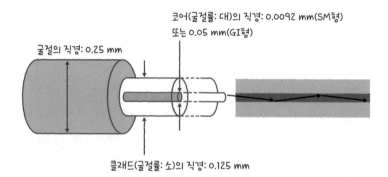

그림 2 • 광섬유 구조

광섬유는 굴절률이 큰 코어 주위를 굴절률이 작은 클래드로 둘러싼 동심원상의 유리선. 전반사를 이용해 코어 내에 빛을 가두어 전달한다. 유리 주위는 수지로 보호되어 있다.

가 일어난다. **전반사란 굴절의 한계를 초과하면 빛이 나올 수 없게 되어 모두 반사되는 성질이다.** 광섬유는 **그림 2**와 같이 굴절률이 큰 유리선을 굴절률이 작은 유리선의 중심에 끼워 넣는 구조로 되어 있다. 중심 코어 안에서 빛이 반사되어 갇히면서 멀리까지 전해지는 구조이다.

빛의 점멸 신호를
멀리까지 전하기 위해

광섬유 안에 빛을 가두어도 빛의 고속 점멸을 멀리까지 전하는 데는 몇 가지 장애물이 있다. 하나는 유리의 투명도이다. 유리 속의 불순물이나 결함으로 인해 빛이 흡수·산란되어 약해지면 장거리 통신에는 사용할 수 없다. 일반 유리창의 경우, 3 cm 두께를 빛이 투과하는 사이에 밝기가 반감된다. 하지만 유리 합성법을 개량한 광섬유는 15 km에 겨우 절반으로 줄어들 정도로 놀라운 투명도를 보인다. 유리 제조법은 날로 진화하고 있는 것이다.

또 하나는 불빛이 깜박이는 점멸 차이의 문제이다. 빛이 약해지지 않아도 광섬유 중의 빛의 경로 길이에 차이가 있으면 빛이 도착할 때까지 걸리는 시간이 바뀌어 발신 측에서 동시에 점멸한 빛이 수신 시에는 점멸의 타이밍이 어긋나 버린다(**그림 3**). 그러면 고속 점멸로 정보를 전달할 때는 심각한 문제가 될 수 있다.

이를 방지하기 위해서 **그레이디드 인덱스**graded index, GI형※나 **싱글 모드** single mode, SM형라고 하는 방법을 취한다. 그레이디드 인덱스GI형는 중심에서 바깥을 향해 서서히 코어의 굴절률을 작게 해서 광속을 변화시키고(굴절률은 소 = 광속은 대), 경로가 짧은 중심 부근을 느리게 하고 경로가 긴 바깥쪽을 빠르게 하여 도착 시각에 차이가 나지 않게 한다. 싱글 모드SM형는

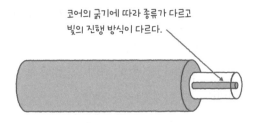

코어의 굵기에 따라 종류가 다르고
빛의 진행 방식이 다르다.

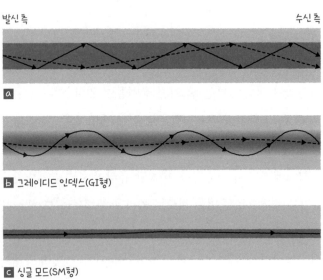

발신 측　　　　　　　　　　　　　　　　　　　　　　수신 측

a

b 그레이디드 인덱스(GI형)

c 싱글 모드(SM형)

그림 3 • 광섬유 종류와 빛의 진행 방법

광섬유는 코어의 굵기에 따라 종류가 다르다. 코어가 굵으면 a처럼 빛의 반사 경로가 여러 개 생긴다. 실선의 빛은 점선 빛보다 훨씬 긴 거리를 달리기 때문에 도착이 늦어져 발신 측에서 동시에 점멸한 빛이 수신 측에서는 점멸하는 타이밍이 어긋나 버린다. 그래서 b에서는 코어의 굴절률을 중심에서 바깥쪽을 향해 서서히 작게 하여 광속을 빠르게 한다. 최단 거리를 나아가는 코어의 중심 부근에서 광속을 느리게 하고 우회하는 바깥쪽에서 광속을 빨리하여 도착하는 타이밍을 맞춘다(그레이디드 인덱스). 조금씩 굴절이 변화하므로 휘어지면서 빛이 전해진다. 코어의 직경을 9.2 μm 극세로 해서 광행로차를 거의 없앤 것이 c와 같은 싱글 모드다. 장거리 고속 통신의 간선망에는 싱글 모드(SM형)가 사용되고 있다.

※ 그레이디드 인덱스는 니시자와 준이치(전 도호쿠대학 총장) 씨가 생각해낸 교묘한 구조로 코어가 굵어도 고속 통신에 대응할 수 있다. 코어가 굵기 때문에 광섬유를 취급하기 편해져 단거리 실내 배선 등에 많이 사용되고 있다.

코어를 0.01 mm 이하의 극세 유리로 해서 광행로차(하나의 빛이 두 개로 갈라졌다가 다시 합쳐질 때 각 광행로 간의 차이 — 옮긴이)를 거의 없앴다. 그레이디드 인덱스는 취급이 편리하여 사무실 내 접속에 사용되고, 손실이 작은 싱글 모드는 장거리 간선망에 사용된다.

또한 광파의 위상파도의 오르내림 타이밍이나 파장을 갖춘 밝은 빛이 아니면 광섬유 안에서 고속 점멸이 흐릿하게 나타난다. 그곳에서 활약하는 것이 Q-21에서 소개하는 레이저광이다. 적외선 반도체 레이저에 의해 파장과 위상이 갖추어진 매우 밝고 가는 빛을 극세 유리에 통과할 수 있게 되었다.

17 무선 마우스는 어떻게 자유자재로 움직이는 걸까?

컴퓨터를 마우스로 조작하는 사람이 많다. 무선 마우스는 어떻게 컴퓨터에 자신의

위치나 움직임을 전하고, '마우스 포인터'를 움직이는지 생각해보자.

지금 주류는
광학 마우스

컴퓨터 입력 도구로 가장 널리 사용되는 마우스는 스탠퍼드 연구소의 더글러스 엥겔버트Douglas Engelbart가 1960년대 중반에 발명했다. 손안에 들어가는 소형 기계를 움직이면 화면상의 '마우스 포인터'가 움직이도록 개발한 것이다. 당초에는 볼의 움직임을 가로세로 각 회전축의 움직임으로 바꾸고 전기 신호로 변환해서 화면의 세로 방향과 가로 방향의 움직임으로 재현하는 것이었다.

오늘날 우리가 널리 쓰고 있는 것은 **광학 마우스**(그림1)다. 이것은 볼 대신에 **광학 센서로 이동량을 검출**한다. 광학 센서는 작은 카메라와 같다. 책상 등의 표면에 빛을 비춰 튀어 돌아온 작은 빛의 변동으로 이동량을 읽는다. 광학 마우스는 광원의 종류에 따라 판독면 재질과 잘 맞을 수도 맞지 않을 수도 있고, 판독 정확도나 전력 소비량전지 유지 등에도 차이가 있을 수 있다(그림2).

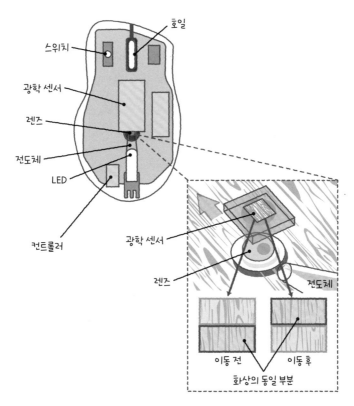

그림 1 • **광학 마우스의 구조**

광원	장점	단점
적색 LED	가시광선이기 때문에 안전하다. 소비 전력이 낮다. 가격이 저렴하다.	파장이 길어서 정확도가 낮다. 유리나 광택이 있는 면 위에서는 오작동이 많다.
청색 LED	적색 LED보다 파장이 짧기 때문에 정확도가 향상되었다. 광택이 있는 면 위에서도 쓸 만하다.	소비 전력이 커서 전지 교환이나 충전 횟수가 늘어난다.
적외선 레이저	정확도가 높고 동작하는 면을 선택하지 않아도 된다.	안전을 위해 센서부분과 멀어지면 동작하지 않는다. 본체가 크고 무겁다.

그림 2 • **광원의 차이에 따른 장점과 단점**

장소에 구애 없이
사용 가능
볼을 굴리지 않는 광학 마우스는 중력의 영향을 받지 않으므로 벽면 등 평평한 곳이 있으면 된다. 종이나 천 위에서도 사용할 수 있어 볼을 굴리기 쉽게 만든 마우스 패드 등도 필요하지 않다. 거기다 틈새에 먼지가 들어가지도 않기 때문에 청소유지관리할 필요도 없다. 콤팩트하게 설계되어 있어 정확도가 높고, 비용 대비 성능도 양호하다.

이것을 무선화한 것이 **무선 마우스**이다. 무선 마우스는 케이블 대신 **전파를 이용**하기 때문에 전파수신이 가능한 범위라면 장소에 상관없이 사용할 수 있다.

전자레인지와
동시에 사용하면 오작동
학교 컴퓨터 교실처럼 좁은 범위에서 여러 무선기기를 사용하는 경우는 서로의 전파가 간섭하여 오작동하지 않게 컴퓨터와 무선 마우스를 일대일 관계가 되도록 설정페어링해야 한다. 아니면 처음부터 같은 ID고유 패턴를 가진 부속 장치와 세트로 되어 있는 무선 방식 제품을 사용해야 한다(그림 3).

무선전파 주파수 대역 특성도 주의해야 한다. 블루투스 방식과 2.4 GHz 무선 방식은 **전자레인지가 음식물을 데울 때 사용하는 마이크로파와 같은 주파수를 통신에 이용**하기 때문에 가까이에서 전자레인지를 작동시키면 무선 마우스가 **오작동을 일으킬 수 있다.**

빠른 반응성은
케이블 마우스
무선 마우스는 케이블을 통해 전력을

★ 블루투스 방식

노트북, 태블릿, 스마트
폰 등 대부분의 기기에
는 리시버 기능이 있다.
마우스를 올바르게 세트
등록(페어링)해야 움직
이지만 범용성이 있다.

사진 제공: 버팔로

★ 2.4 GHz 무선 방식

리시버(수신기)

★ 27 MHz 무선 방식

사용 편리성은 2.4 GHz 무선 방식과 같지만,
전파수신 범위가 좁기(반경 1 m 정도) 때문
에 리시버로부터 멀리 떨어지면 사용할 수 없
다. 장점은 저렴하고 소비 전력이 적다는 것.

처음부터 페어링이 끝난 리시버(작은
USB 접속기기)가 준비되어 있어서, 그것
을 컴퓨터 등의 USB 포트에 꽂아 사용할
수 있다. 사진 제공: 버팔로

그림 3 • 무선 마우스의 무선 방식 차이

★ 건전지 타입

AA형이나 AAA형 건전지를 1~2개 사용한다. 전지가 오래
가고 교체하면 바로 사용할 수 있다. 건전지는 쉽게 구할
수 있지만 마우스 본체가 무겁고 부피가 크다.

★ 충전 배터리 내장형 타입

충전 배터리 내장형 타입은 USB 케이블로 컴퓨터와 접속
하여 충전한 후 무선으로 사용한다. 전용 패드에 놔두기만
해도 충전이 되는 타입도 있다. 작고 가볍지만 자주 충전
해야 한다. 사진 제공: 로지쿨

그림 4 • 전원 방식 차이

공급할 수 없기 때문에 건전지나 충전지배터리가 필수적이다. 건전지 타입과 충전지 타입이 있는데, 장단점이 있으므로 비용과 사용하기 편리한 점을 생각해 선택할 필요가 있다(그림4).

무선 마우스가 편리해 많이 사용하지만, 전파로 변환하거나 신호 처리하는 데는 약간의 시간이 필요하다. 그 때문에 **조작의 반응성이 중요시되는 상황**, 예를 들면 주식이나 외환 같은 금융상품 거래나 액션 게임 등을 할 때는 전통적인 **케이블 마우스**가 편리할 수도 있다.

포스트잇은 어떻게
뗐다 붙였다 할 수 있을까?

메시지 타입을 비롯해 대부분의 인기 있는 포스트잇은 원할 때 붙였다가 언제든지

깔끔하게 뗄 수 있다. 직장에서 애용하는 사람도 많을 것이다. 어떤 구조로 되어

있어 뗐다 붙였다 할 수 있는지 알아보자.

접착제 실패작이
포스트잇을 만든 계기

떼었다 붙였다 할 수 있게 접착제가 붙은 포스트잇은 미국의 화학업체 3M에서 개발한 상품이다. 개발은 실패에서 시작되었다. 접착력이 강한 접착제를 개발하다가 실수로 접착력이 약하고 끈적임이 없는 접착제를 만들게 됐다. 접착력이 약한 접착제는 일반 접착제로는 쓸모가 없어 그대로 보관할 수밖에 없었다.

그런데 5년 후, 이 접착력이 약한 접착제에 주목한 3M의 연구원이 있었다. 접착력이 약해 잘 떨어지니까 붙인 뒤 깨끗이 떼어내는 메모지로 쓰면 되지 않을까 생각한 것이다. **잘 떼어지는 성질을 역으로 이용한 발상**이었다. '붙였다 뗐다 하면 된다' 해도 금방 떨어지거나 흔히 볼 수 있는 스티커처럼 붙인 뒤 좀처럼 깨끗하게 떨어지지 않는 것은 도움이 되지 않는다. 일반적으로는 붙였다가 떼고 싶을 때 깨끗하게 떨어지지 않는다면 상품화하기는 곤란하다. 적당한 접착성이 있어 잘 붙을 뿐 아니라 떼고 싶을 때는 깨끗하게

★ 위에서 본 모습   ★ 옆에서 본 모습

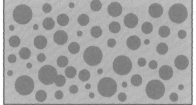

그림 1 • 포스트잇 접착면

다양한 구형, 반구형 접착제가 접착면에 쓰였다.

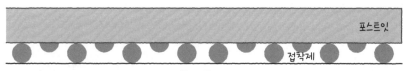

그림 2 • 포스트잇을 붙일 때

붙인 곳이 포스트잇 접착제와 하나로 붙어있다.

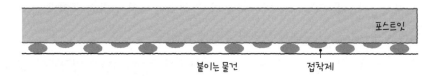

그림 3 • 포스트잇을 약간 눌렀을 때

구형 또는 반구형 접착제를 누르면 포스트잇을 붙이는 대상과의 접촉 면적이 커져 강하게 접착된다. 단, 이 경우에도 포스트잇의 접착면이 붙이는 대상의 접착면보다 크기 때문에 포스트잇 쪽이 떨어지지는 않는다.

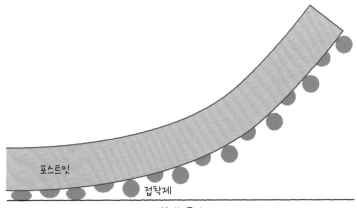

포스트잇

접착제

붙이는 물건

그림 4 • 포스트잇을 뗄 때

포스트잇 가장자리를 들어 올려 떼어낸다. 접착제는 찌그러진 모양에서 구형으로 돌아가서 서로 닿아 있는 면적이 줄어들기 때문에 접착력이 떨어져 쉽게 떼어진다.

떨어져야 한다. 3M 연구원은 이 두 가지를 만족시키는 메모지를 만들기 위해 연구를 거듭했다.

접착제 모양을 고안하여
떼어내기 쉽게 만들었다

접착성 강도는 그다지 특징적이지 않다. 접착성 주성분은 일반 아크릴 접착제다. 아크릴 접착제에 여러 가지를 섞어 목적에 맞게 강도를 조정하면 된다. 중요한 것은 **접착제의 '모양'**이다. 포스트잇은 떼어내고 싶을 때 깨끗하게 떨어지도록 접착제의 모양을 고안하여 **구형**球形 또는 **반구형**으로 만든다. 포스트잇처럼 떼어내고 싶을 때 언제든지 떼어낼 수 있는 용도가 아닌 경우에는 접착면에 특정한 모양을 만들지 않고 전체적으로 접착제를 강하게 쓴다.

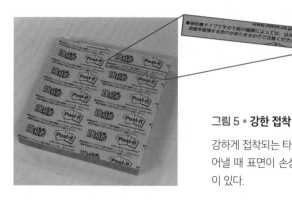

그림 5 • 강한 접착 타입

강하게 접착되는 타입에는 '종이의 종류에 따라 떼
어낼 때 표면이 손상될 우려가 있다'는 주의 사항
이 있다.

붙이고 싶은 곳에 포스트잇을 가볍게 접촉시키면 포스트잇 접착제는
구형 또는 반구형이므로 면이 아닌 한 점으로 붙는다. 이 시점에서는 붙이는
곳과의 접촉 면적이 작고, 접착력이 약한 상태다.

계속해서 붙인 포스트잇을 위에서 누르면 구형 또는 반구형의 접착면
이 눌리면서 접촉 면적이 늘어나 강하게 접착된다. 포스트잇의 끝을 들어 떼
어내려고 하면 접촉면의 맨 끝 접착제의 찌부러진 모양이 구형으로 되돌아
오고 최종적으로는 한 점에서 접촉한 상태가 되어 떼어진다. 포스트잇 쪽 접
착제는 떨어지지 않고 붙어있는 부분만 떨어지도록 만든 노하우인 것이다.

포스트잇
종류는 다양하다

포스트잇은 사용하기 편리해 인기 있
는 메시지 포인터를 비롯해 강력 접착 타입, 팝업 타입, 롤 타입, 재생지 사
용 타입 등이 판매된다. 또한 디자인도 캐릭터 상품, 하와이를 표현한 것, 하
트 모양 등 다양해 가까이 두는 것만으로 즐거워진다.

19 지울 수 있는 볼펜의 구조는?

필기구 회사 파일럿의 프릭션frixion 시리즈는 볼펜에서부터 형광펜, 색연필까지 지울 수 있다. Frixion의 원래 의미는 '마찰'이다. 볼펜을 어떻게 지울 수 있는지 생각해보자.

지울 수 있는 볼펜 잉크는 세 가지 성분으로 되어 있다

필기구를 개발, 제조 하고 있는 파일럿 잉크 주식회사가 처음 개발한 것은 온도에 따라 색이 변하는 잉크 '메타모 컬러'이다. 1975년 개발된 메타모 컬러는 다양한 제품에서 '온도를 색으로 나타내는' 데 사용되었다. 예컨대 색상의 변화로 맥주나 와인을 맛있게 마실 수 있는 정도를 나타내는 라벨 등이다. 다음으로 시도한 것이 '온도에 따라 무색투명해지는 잉크'인 **프릭션**이었다. 2005년에 프릭션을 개발하는 데 성공했다. 지금까지의 볼펜 잉크는 수정하는 데 상당한 수고가 필요했다. 그런데 프릭션 볼펜은 그런 수고를 할 필요 없이 연필처럼 쉽게 지울 수 있게 되었다.

어떻게 **지워지지 않는** 볼펜 잉크를 지울 수 있을까?

프릭션에는 **마이크로 캡슐**이라고 불리는 작은 캡슐이 들어 있어 색소 역할을 한다. 마이크로 캡슐에는 ①발색제 성분(발색 근원이 되는 성분)

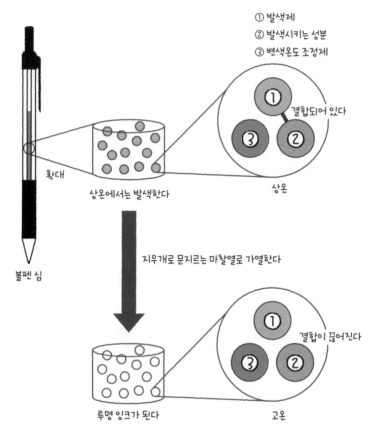

그림 1 • 사라지는 잉크의 속임수

②발색시키는 성분 ③변색온도 조정제(몇 도에서 발색시키고, 발색을 멈추게 할지를 지시하는 성분)라는 3가지 성분이 들어 있다.

일반 온도에서는 마이크로 캡슐 내의 발색제와 발색시키는 성분이 결합하여 발색된다. 온도가 올라가면 변색온도 조정제가 작용해서 발색제 성분과 발색시키는 성분의 결합을 끊기 때문에 발색하지 않게 되어 색이 사라진다. 파일럿 잉크가 개발한 프릭션은 65℃에서 발색제와 발색시키는 성분의 결합이 끊어져 발색하지 않게 된다. 제조사에 따라서는 더 낮은 60℃에서 발색하지 않는 것도 있다.

연필 흔적을 지우는 지우개는 종이에 들러붙은 흑연을 벗겨낸다. 하지만 프릭션은 잉크를 벗겨 필적을 지우는 것이 아니라 **상온에서 온도가 65℃로 올라가면 무색투명해지는 성질**에 의한 것이다.

열로
보이지 않게 만든다

프릭션은 어떻게 온도를 올리는 걸까? 볼펜 뒷부분에 붙어있는 전용 고무로 문지르면 생기는 **마찰열**을 이용한다. 여름철에는 차 안 등 60℃가 넘는 장소에 놔두면 글씨가 사라질 수도 있다. 프릭션으로 쓴 종이를 코팅해도핫 래미네이트 글씨가 지워질 수 있다. 폴리에틸렌으로 만든 투명 폴더와 같은 투명한 소재에 인쇄물을 끼워 넣고 열 압착하면 온도가 올라가기 때문이다. 이 특성 때문에 증서류나 수신 인명 등 '사라지면 문제가 되는 것'에는 프릭션을 사용해서는 안 된다.

냉각하면
다시 살릴 수도 있다

프릭션은 상온으로 돌아가도 색이 돌아오지는 않지만, −20℃ 이하에서는 다시 살아난다. 강한 냉각 효과가 있는 스프레이를 뿌리거나 냉동고에 넣어도 되살릴 수 있다. 드라이아이스로 차갑게 만들어도 색이 돌아온다. 그러므로 완전히 지워버리고 싶은 메모라면 프릭션은 사용하지 않는 편이 좋을 것이다. 참고로 이 책의 담당 편집자는 오랫동안 프릭션을 애용하고 있는데, 교정작업을 할 때도 빨간색 프릭션을 사용했다.

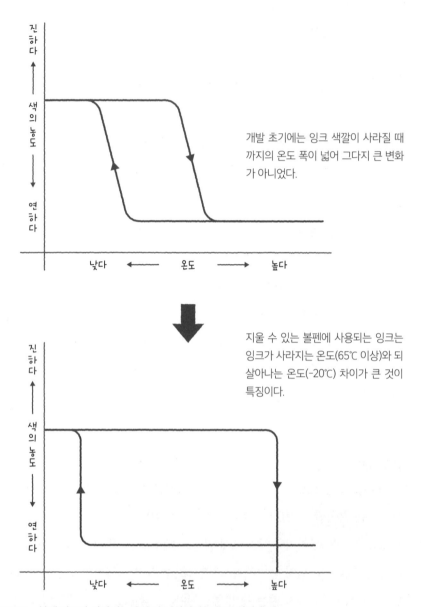

진하다 ← 색의 농도 → 연하다

낮다 ← 온도 → 높다

개발 초기에는 잉크 색깔이 사라질 때까지의 온도 폭이 넓어 그다지 큰 변화가 아니었다.

지울 수 있는 볼펜에 사용되는 잉크는 잉크가 사라지는 온도(65℃ 이상)와 되살아나는 온도(-20℃) 차이가 큰 것이 특징이다.

진하다 ← 색의 농도 → 연하다

낮다 ← 온도 → 높다

그림 2 • 볼펜 잉크가 사라지는 온도와 되살아나는 온도 차가 크다

참고: 파일럿 잉크(주) 홈페이지

20 회사 화장실은
왜 물이 저절로 흐를까?

일반적으로 남성용 소변기 앞을 지나가도 물이 흐르지는 않는다. 하지만 소변기 앞

에 일정 시간 서 있다가 그곳을 떠나면 물이 흘러나온다. 남성용 소변기가 어떤 구

조로 되어 있는지 살펴보자.

소변기 관리는
의외로 힘들다
　　소변기에는 액체소변만 흐르기 때문에 막히지 않을 것 같지만, 그렇지도 않다. 막히는 원인은 **요석**이다. 오줌 속의 칼슘분이 트랩(배수관의 악취가 역류하는 것을 막기 위한 장치. 관의 일부를 'U' 자나 'S' 자로 구부려 물이 고이게 만든다―옮긴이)이나 배관 내에 부착되어 막힘이나 악취의 원인이 되는 것이다. 칼슘분이 달라붙지 않도록 하기 위해서는 씻어내는 수밖에 없다.

　　학교 등의 시설에 수세식 화장실이 도입되었을 무렵, 요석을 방지하기 위해 높은 곳에 물탱크를 설치해놓고 일정 시간마다 물을 흘려보내 변기를 청소했다. 그런데 사용하지 않는 변기에 물을 흘려보내기 '아깝다'는 이유로 도입된 방식이 있다. 바로 누름단추로 세척수를 흘려보내는 방식이다. 이 버튼 역시 누르기를 귀찮아하는 사람이 있었고, 사용 직후에 다들 손으로 누르기 때문에 '비위생적'이라며 누르는 것을 꺼리는 사람도 있었다.

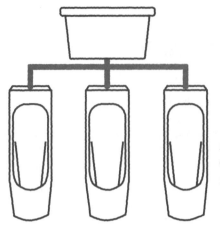

요석을 막기 위해 일정 시간마다 동시에 변기에 물을 흘려 청소한다. 사용하지 않아도 물을 흘려보내니 아깝다.

그림 1 • 일정 시간마다 동시에 물을 흘려 변기를 세척

버튼을 누르면 물이 흐른다.

버튼식

사용했을 때만 물이 흐르기 때문에 절수가 된다. 하지만 귀찮다고 누르지 않는 사람이 있고 사용 직후에 모두가 누르기 때문에 '비위생적'이라며 누르기를 주저하는 사람도 있어 세척이 안 되는 일도 있었다.

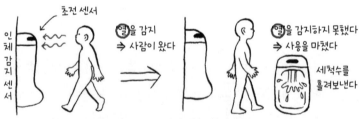

인체 감지 센서를 통해 세척을 확실히 할 수 있게 되었다.

그림 2 • 버튼식과 인체 감지 센서

사람을 감지하는
인체 감지 센서로 예비 세척

1970년대에 들어서면서 **인체 감지 센** 서가 도입되었다. 사람이 변기 앞에 선 것을 센서로 감지하여 일정 시간 있으면 사용 중이라고 판단한다. 그리고 사람이 그곳을 떠난 것이 감지되면 급수 밸브를 열어 물을 흘려보낸다. 이 방식은 사용이 끝난 변기만 자동으로 세척할 수 있으므로 절수가 되기도 했다.

인체 감지 센서에는 사람이 내는 열적외선을 감지할 수 있는 초전 센서와 거리를 측정할 수 있는 거리 센서 등이 사용되었다. 소변기 앞에 서 있기만 해도 물이 흐르는 경우가 종종 있다. **예비 세척**이라고 해서 사용 전에 소량의 물로 세척하여 소변 비말이 달라붙는 것을 막는다. 소변기 중에는 세척 도중에 다음 사용자가 감지되면 세척을 중지하게 만든 것도 있다. 절수 기능을 추가한 것이다.

배관 속을 흐르는 물의 기세를 이용하여 발전하고 충전하는 소변기라서 전원 배선이 불필요한 타입도 있다. 화장실에 아무도 없는데도 물이 흐를 수 있다. 이는 트랩의 물이 끊기는 것을 막고 배관에 요석이 달라붙는 것을 억제하기 위해 **사용 후 몇 시간이 지나면 자동으로 세척되게 만든 기능**이다. 또한 겨울철 냉각에 의한 동결 방지를 위해 바깥 기온을 재서 일정한 시간 간격으로 물을 내보내는 기능을 가진 것도 있다.

소변의 양까지 측정하여
물을 아끼는 마이크로파

예전에는 센서에 전파를 사용할 수가 없었지만 2001년에 전파법이 개정되면서 **마이크로파**를 센서에 사용할 수 있게 되었다. 이에 따라 거리나 움직임을 감지하는 정확도가 획기적으로 향

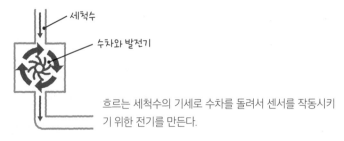

흐르는 세척수의 기세로 수차를 돌려서 센서를 작동시키기 위한 전기를 만든다.

그림 3 • 세척수의 흐름을 이용하여 발전

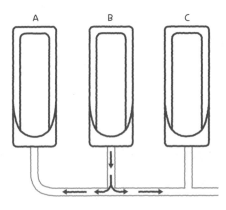

B를 세척한 물이 사용되지 않는 A 쪽으로도 흘러 A의 배관이 더러워질 수 있다. 그 더러움을 씻어내기 위해서 A가 마지막으로 사용되고 나서 일정 시간 지나면 A에 물이 흐른다.

그림 4 • 사용하지 않는 배관에도 요석이 부착

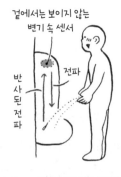

적외선 센서로는 사람이 있다는 것을 감지할 수 있어도 용변을 보고 있는지, 옷매무새를 가다듬고 있는지 판단할 수 없었다. 하지만 마이크로파는 수분에 대해서도 반응하므로 실제로 소변을 보는 시간을 정확히 측정해 세척수의 양을 조절할 수 있게 되었다.

그림 5 • 마이크로파를 이용하여 소변량에 맞는 양의 세척수 조절

상되었다. 또한 마이크로파는 도자기를 투과하기 때문에 적외선 센서와 같은 작은 창은 필요 없게 되었다. 그 결과 디자인의 폭도 넓어졌다.

마이크로파는 수분에 대해서도 반응하기 때문에 마이크로파를 이용하면 실제로 소변을 보는 시간을 알 수 있고, **소변량에 따라 세척용 물의 양을 조절할 수 있어 절수효과를 기대할 수 있다.**

레이저 포인터에서 나오는 레이저광은 어떤 빛일까?

레이저 포인터는 프레젠테이션에서 자료의 특정 위치를 지적할 때 사용한다. 애니메이션에서 '슈퍼맨의 필살기 레이저 빔'을 동경한 나는 '레이저'라는 말을 들면 왠지 꿈을 꾸는 듯하다. 원래 레이저광이란 어떤 빛인지 생각해보자.

가까이서 활약하는 레이저광

요즘은 레이저광을 주위 어디서나 쉽게 볼 수 있다. 마트 계산대에 있는 레이저 바코드 리더기의 붉은 빛, 콘서트장의 현란한 광선, DVD플레이어, 고휘도 레이저 프로젝터의 광원, 의료현장에서 사용되는 레이저 메스 등등 다양한 곳에서 레이저광을 응용한다.

레이저광과 태양, 전등의 불빛은 어떤 부분에서 차이가 있을까. 태양이나 전등의 불빛에는 빨강이나 파랑 등 다양한 파장의 빛이 포함되어 있다. 태양이나 전등은 파장, 방향, 위상(파동이 오르내리는 타이밍)이 뿔뿔이 흩어지는 빛을 여러 군데에서 방사한다(그림1). 파동은 겹칠 때, 마루와 마루이면 서로 강하게 만들고, 마루와 골이면 서로 약하게 만드는 성질(이를 파동의 간섭이라고 한다)이 있다. 여기저기 흩어져 있는 파동이 합쳐진 태양광은 비록 렌즈로 집광해도 파동이 깔끔하게 겹치지 않아 빛의 밀도를 충분히 높이지 못한다.

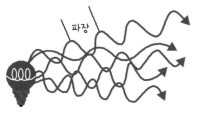

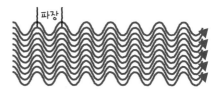

★ 보통의 빛(태양이나 전등)

★ 단색 레이저광

파장

파장

파장, 위상, 방향이 제각각 방사되는 빛의 파동
(간섭성 빛).

파장, 위상, 방향이 하나로 결속되어 잘 퍼지지
않고, 에너지 밀도가 높아 밝은 빛의 파동(간섭
성 빛). 렌즈를 써서 빛을 한곳에 모을 수 있다.

그림 1 • 보통 빛과 레이저 빛 차이

파장, 위상, 방향이 가지런한
빛의 파동

레이저광은 발생 원리로 볼 때 그림1과
같이 파장도 방향도 위상도 일정한 밝은 빛의 파동 다발이다. 이처럼 일정하
게 결속된 빛을 **간섭성 빛**이라고 한다. 직진하는 간섭성 빛은 확산이 잘되지
않기 때문에 바코드 리더기나 레이저 포인터 등에 응용한다. 렌즈로 미세한
한 점에 집광할 수 있으므로 간섭이나 집광을 이용해 DVD플레이어나 레이
저 메스에도 응용한다. 게다가 레이저광은 에너지 밀도가 높고 밝기 때문에
광원으로 이용하기도 한다.

어떻게
레이저광을 만드는가

형광이나 축광(Q-42에서 설명)에서
는 전자가 여기 상태전자 에너지가 높은 상태에서 기저 상태전자 에너지가 낮은 상태로 옮
길 때, 물질 속 다수의 전자가 서로 다른 타이밍에 옮기므로 그 빛이 단색같은

파장인 경우에도 위상이 제각각이다.

하지만 여기 상태와 기저 상태 간의 에너지 차에 따른 파장의 빛을 비추면, 비추는 빛(입사광)의 위상에 맞도록 여기 상태의 전자가 흔들리고 입사광과 위상이 가지런한 빛을 방출하면서 기저 상태로 이동하기도 한다. 이것을 **유도 방출**이라고 한다. 유도 방출에서는 원래의 입사광과 합하여 간섭성 빛이 배가 된다(그림 2).

레이저는 이 원리를 이용한다. 유도 방출된 빛을 반사경으로 물질 속에 되돌리면 그 빛이 다음의 유도 방출을 일으켜 같은 위상과 같은 파장의 빛을 기하급수적으로 늘릴 수 있다(그림 3). 반사한 빛의 위상이 가지런해지는 거리에 2장의 반사경을 놓으면 반사를 반복하는 사이에 위상이 가지런해지는 매우 밝은 빛이 남는다. 비스듬히 반사하는 빛은 반사를 반복하는 중에 지워

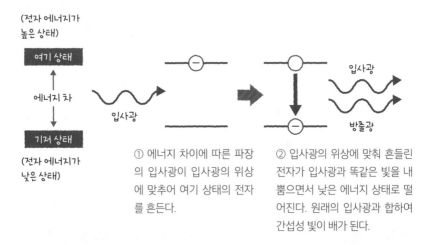

① 에너지 차이에 따른 파장의 입사광이 입사광의 위상에 맞추어 여기 상태의 전자를 흔든다.

② 입사광의 위상에 맞춰 흔들린 전자가 입사광과 똑같은 빛을 내뿜으면서 낮은 에너지 상태로 떨어진다. 원래의 입사광과 합하여 간섭성 빛이 배가 된다.

그림 2 • 유도 방출 프로세스

여기 상태와 기저 상태 간의 에너지 차에 따른 파장을 가진 빛을 입사하면 여기 상태의 전자가 빛에 흔들려 입사광과 똑같은 간섭성 빛을 방출하는데, 이것을 유도 방출이라고 한다. 유도 방출에서는 입사광과 합하여 빛이 배가 된다. 간섭성 빛인 레이저광은 유도 방출을 이용한다.

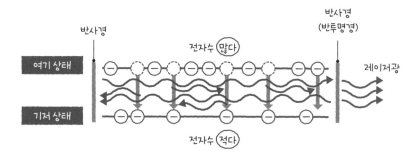

그림 3 • 반사경에 유도 방출광이 모이면서 증폭되는 과정

유도 방출한 빛이 반사되어 돌아올 때 위상이 가지런해지도록 거리를 정해 반사경과 반투명경(하프미러)을 설치한다. 그 반사광이 여기 상태에 있는 다수의 전자를 위상이 가지런해지게 흔들어 두면 유도 방출광이 차례로 발생한다. 이에 따라 간섭성 빛이 기하급수적으로 증가하고, 그것을 반투명경에서 꺼낸 빛이 레이저광이다. 비스듬히 반사되는 빛은 반사를 반복하는 사이에 지워지고 반투명경에서는 반사면에 수직 방향으로 모인 간섭성 빛만 나온다. 유도 방출이 용이하도록 여기 상태의 전자수가 많은 '역전 분포 상태'를 만들어둔다.

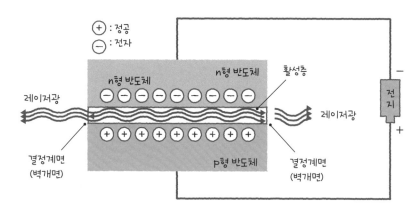

그림 4 • 반도체 레이저

반도체 레이저에서는 전지로 전압을 걸어 n형 반도체와 p형 반도체 사이에 끼워 넣은 활성층에 전자(-)와 정공(+)을 모아 역전 분포 상태를 만들고 유도 방출을 실현한다. 반사구조는 반도체의 결정계면(벽개면)을 이용해 만든다. 전류를 계속 공급하면 연속해서 레이저광을 발생할 수 있다. 다만 활성층의 크기가 작기 때문에 출구에서 레이저광이 조금 퍼진다. 그래서 레이저 포인터에서는 '렌즈'를 사용해 평행 빔으로 했다. 전자와 정공의 에너지 차이를 조절하면 적외선에서 자외선에 이르는 다양한 색상의 단색 광레이저를 만들 수 있다.

지므로 반사면에 수직 방향으로 방향이 모인 빛만이 하프 미러를 통해 나온 다(그림3). 이와 같이 해서 **방향과 파장과 위상이 일정하고, 에너지 밀도가 높은 밝은 빛의 파동인 레이저광**이 만들어진다. 이 구조를 발광 다이오드LED에 부가하면 레이저 포인터에 사용되는 콤팩트한 반도체 레이저가 된다(그림4).

실외에서 햇빛을 받으면 안경이 선글라스가 된다고?

햇빛(자외선)을 받으면 색이 짙어지고 실내에서는 무색투명해지는 선글라스가 있

다. 색상이 바뀌는 선글라스는 어떤 구조로 되어 있는지 생각해보자.

햇빛을 받으면
색상이 변하는 조광 렌즈

햇빛을 받으면 색상이 변하는 렌즈를 조광 렌즈변색 렌즈라고 부른다. 햇빛을 흡수하면 색이 변화하는 화학반응을 포토크로미즘photochromism 반응광변색현상이라고 하므로 포토크로믹변색 렌즈라고 해도 될 것이다.

조광 렌즈는 자외선을 받으면 색이 진해져서 마치 선글라스처럼 된다. 자외선이 차단되면 원래 색으로 되돌아가 색이 옅어진다. 그냥 안경으로 되돌아가는 것이다. 조광 렌즈는 안경을 바꿔 쓸 필요 없이 실외에서는 선글라스로 쓰고, 실내에서는 일반 안경으로 사용할 수 있어 편리하다.

강한 자외선을 받으면
분자 모양이 변한다

특정 파장의 빛을 쬐면 화학 구조가 변하고, 쬐지 않으면 원래의 화학 구조로 되돌아가는 화합물이 있다. 이 화

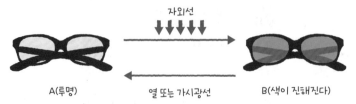

A(투명)　　　　자외선　　　　B(색이 진해진다)

열 또는 가시광선

야외에서도 가시광선이나 열이 있으면 투명해지지만 자외선을 받으면 색깔이 즉시 짙어진다.

그림 1 • 조광 렌즈의 구조

항상 A에서 B, B에서 A의 반응이 일어나고, 색의 농도는 '어느 쪽이 많은가'로 결정된다. 자외선의 강도가 같다면 더운 여름보다 추운 겨울에 색상이 더 진하다.

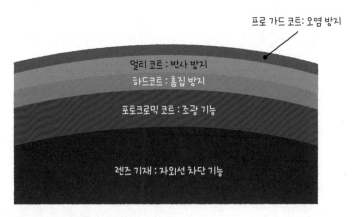

프로 가드 코트 : 오염 방지

멀티 코트 : 반사 방지

하드코트 : 흠집 방지

포토크로믹 코트 : 조광 기능

렌즈 기재 : 자외선 차단 기능

그림 2 • 조광 렌즈의 단면

렌즈에 여러 가지 코팅을 하여 다양한 기능을 갖게 했다.

합물을 **포토크로믹**photochromic **화합물**이라고 한다. 포토크로믹 화합물은 변화된 화학 구조에 따라 흡수하는 빛의 파장이 바뀐다.

포토크로믹 화합물 중에는 자외선이 약하면 가시광선 파장이 투과하고 **무색투명**, 자외선이 강하면 화학 구조가 바뀌어 가시광을 흡수하는 물질이 있다. 가시광이 모두 흡수되면 시커멓게 되지만 부분적으로 흡수되면 시커멓게 되지 않고 선글라스 상태가 된다.

이러한 포토크로믹 화합물을 렌즈에 **코팅**하면 자외선을 받아 분자 모양이 변화하여 투명한 분자 모양 A에서 가시광을 흡수하는 분자 모양 B로 변화하는 조광 렌즈가 만들어진다. 분자 모양 B는 가시광을 흡수하기 때문에 태양광의 눈부심을 막아준다. 자외선 양이 적은 실내에 들어가면 투명한 분자 모양 A로 되돌아간다. 조광 렌즈는 발색하는 데 수십 초, 변색하는 데 몇 분밖에 걸리지 않고 재빠르게 반응한다. 현재는 가시광선 자체로도 색상이 변화하는 렌즈도 개발되었다.

자외선(UV)을 차단할 수 없는
선글라스는 위험

선글라스는 눈부심으로부터 눈을 보호한다. 눈이 부실 때 사람 눈의 눈동자는 작아져 들어오는 빛의 양을 (자외선도) 제한하지만 선글라스를 끼면 눈이 부시지 않기 때문에 눈동자가 작아지지 않는다.

따라서 만약 선글라스에 **자외선**uv **차단 기능**이 없으면 강한 자외선으로 인해 눈의 망막을 다치게 된다. 조광 렌즈는 자외선 차단 렌즈 위에 감광물질을 코팅해 렌즈의 발색에 좌우되지 않고 자외선을 흡수하도록 되어 있다.

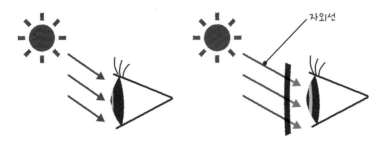

★ 선글라스 미착용

눈이 부시면 눈동자가 작아지므로 자외선이 눈에 잘 들어오지 않고 망막도 잘 손상되지 않는다.

★ 선글라스 착용

눈이 부시지 않아서 눈동자가 작아지지 않는다. 이 선글라스에 자외선 차단 기능이 없으면 자외선이 눈 속으로 들어가 망막을 손상시킬 수도 있다.

그림 3 • 선글라스에 필요한 자외선(UV) 차단 기능

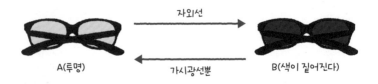

특징1	A와 B의 화학 구조는 안정되어 있다. 30℃에서 1900년간 변화하지 않는다.
특징2	광변색 ↔ 광퇴색 반응 속도는 10피코초(1조분의 1초) 이내로 고속이다.
특징3	광변색 ↔ 광퇴색 반응을 1만 번 반복해도 열화되지 않는다.
특징4	단결정이라도 포토크로믹 반응(빛을 흡수하면 색이 변화하는 화학반응)을 한다. 포토크로믹 반응은 분자 구조를 크게 변화시키기 때문에 결정 상태에서 반응하는 물질은 적다.

그림 4 • 디아릴에텐의 특징

꿈의 기록 소재 포토크로믹 화합물은 자외선을 받지 않게 되면 열이나 가시광을 흡수하여 원래의 화학 구조로 되돌아간다. 1988년 규슈대학 이리에 마사히로 교수팀이 상온에서 열의 영향을 받지 않는 포토크로믹 화합물 **디아릴에텐**diarylethene을 개발했다.

디아릴에텐은 열의 영향을 받지 않기 때문에 가시광선을 쬐지 않으면 장기간 무색으로는 돌아가지 않고, 색이 진한 상태를 유지한다. 즉 이론상 하나하나 분자에 정보를 기록하는 궁극의 초고밀도 광디스크가 만들어지게 된다. 실현되면 100만 장의 DVD를 1장의 광디스크에 기록할 수 있는 '꿈의 기록 소재'다.

땅거울이 보이는 이유는?

맑게 갠 날, '도로가 물에 젖어 반짝반짝 빛나고 있어!'라고 생각하고 가까이 가면 물은 사라져 한층 더 멀리 가 버린다. 땅이 거울처럼 되어 하늘이 비치는 땅거울의 정체가 무엇인지 알아보자.

물처럼 보이는 것은 무엇인가?

땅거울은 늦봄부터 여름에 걸쳐 매우 맑은 날에 볼 수 있다. 예를 들어 그림1처럼 눈 위치를 낮추고 아스팔트 도로의 먼 곳을 바라보면 마치 물이 뿌려진 것처럼 보인다. 이것이 신기루의 일종인 땅거울 현상이다. 가까이 가면 물도 함께 움직이고 있는 것처럼 보여 아무리 쫓아가도 따라잡을 수 없다. 마치 도망치는 것처럼 보이는 이 '물웅덩이'의 정체는 하늘이다. 하늘에서 내리쬐는 햇빛은 지표면 가까이에서 구부러지는데 지표면 방향에서 눈에 들어오기 때문에 물처럼 보이는 것이다. 착각이라고도 할 수 있는 현상이다. 이런 현상은 사막을 가는 사람들이 조난을 당하는 원인이 되기도 한다.

낮 동안 도로의 온도가 올라가면 그 위는 매우 뜨겁게 달궈진다. 70℃ 정도까지 올라가 손으로 만지면 화상을 입을 정도로 고온이 되는 경우도 종종 있다. 이렇게 되면 고온이 된 도로에 접한 공기층도 당연히 고온이 된다.

그림 1 • 땅거울

땅거울은 물이 아니라 상공의 하늘이 비쳐 '물처럼 보이는' 것이다.   사진: 고게라

공기는 고온이 되면 밀도가 낮아진다(저밀도). 그리고 도로에서 위로 올라
갈수록 온도가 30℃ 정도로 내려간 공기층(고밀도)이 떠 있는 상태가 된다.
공기가 이러한 상태일 때, 땅거울을 볼 수 있다.

굴절한 빛이 그리는
아래로 볼록한 커브
빛은 진공에서는 광속(약 30만 km/
초)의 속도를 가지지만, 공기 속에서는 속도가 늦어진다. 공기의 밀도가 클
수록 속도는 느려진다. 그 늦어지는 비율의 역수를 **굴절률**이라고 한다. 밀도
가 크면 굴절률이 커지는 것이다. 공기의 굴절률은 1.0003 정도이다.

　그림 2의 **A**를 보자. 도로로부터 멀어질수록 기온이 내려가고 공기의
밀도가 커지므로 도로에서 위로 올라갈수록 굴절률이 증가한다. 그 때문에
빛은 고밀도층에서 저밀도층 쪽으로 구부러져 '아래로 볼록한' 커브를 그린

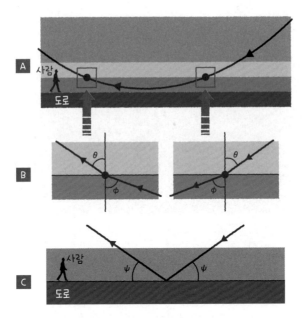

그림 2 • 땅거울의 구조

A 는 전체 그림. B 는 각 점에 굴절의 법칙을 적용한 것이다. C 는 그것들을 전반사하고 있다고 생각할 경우. '거울'처럼 되었다고도 할 수 있다.

다. 여기서 커브의 한 점에 주목하면 **그림2 B** 의 오른쪽과 같이 '입사각 θ세타에 대해 굴절각 ϕ파이는 굴절률 변화에 따라 변한다'는 **굴절의 법칙**이 성립된다. 지표면 부근에서 위로 향하는 경우에도 마찬가지로 굴절의 법칙이 성립된다(**그림2 B** 의 왼쪽).

이와 같이 **그림2의 A** 와 **B** 를 보면 **그림2의 C** 와 같이 지표면 부근에서 완전한 **전반사**가 일어났다고 볼 수도 있다. '입사각 Ψ프시는 반사각 Ψ와 같다'는 **반사의 법칙**으로 설명할 수 있을 듯하다. 사실 그때 공기층이 겹치는 방법에 따라 '거울이 있다!'라는 느낌이 적절한 표현일 것이다.

신기루도 땅거울과 같은
원리로 발생

사물을 본다는 것은 어떤 것일까? 눈
이 빛을 느끼기 때문이지만 대부분의 경우, 빛은 직진하기 때문에 '눈에 들
어오는 빛의 연장선상에 원래의 것이 있다'라고 생각하여 뇌가 이미지를 만
든다. 그 때문에 빛이 구부러져 다가오면 '이상한 이미지'가 생기는 것이다.
그림 2의 **A**나 **C**에서 왼쪽 도로상에 있는 사람 눈에는 하늘 아래에 이상한
형상이 나타나게 된다. 이것은 **신기루**라고 불리는 현상 중 하나다. 이렇게
실제보다 아래로 보이는 **아래 신기루**inferior mirage 현상은 전국 각지에서 빈
번히 관찰된다. 일출이나 일몰 때 태양이 '오뚝이 모양'으로 보이는 현상, 신

그림 3 • 오뚝이 태양

지역에 따라서는 오뚝이 모양의 태양을 '와인 글라스 모양', '오메가 모양'이라고도 한다. 수평선 부
근의 해수면이 흐트러져 보이는 것도 신기루이다.

그림 4 • 섬이 떠 있는 것처럼 보이는 현상

섬 전체가 떠 있는 것처럼 보인다. 섬의 상단이 반전되어 있다고도 할 수 있다.

기루로 인해 해상에 섬이 떠 있는 것처럼 보이는 현상도 아래 신기루에 해당한다. 그림 3이나 그림 4는 아래 신기루의 전형적인 예이다.

24 생체인증은 과연 안전할까?

편의점 결제부터 금융 거래까지 '생체인증(바이오 매트릭스 인증)' 시스템이 일상화되면서 보안의 중요성은 커졌다. 개인의 특징을 이용하여 '그 사람이 맞다'고 인정해주는 생체인증 시스템이 과연 안전할지 생각해보자.

신체 특징과 행동 특징 생체인증

여기서 말하는 생체인증이란 '지금 눈앞에 있는 인물이 미리 등록한 인물과 동일한지 어떤지'를 기계적으로 판단하는 구조나 기능을 말한다. 비교인증하는 데 개인의 생체가 특징적으로 가지고 있는 차이를 이용하므로 생체인증이라고 한다.

흔히 쓰는 생체인증으로는 지문 등 신체적 특징을 이용하는 것이 있다. 또한 얼굴이나 목소리의 특징, 키나 체중 같은 몸매생체기관의 차이도 신체적 특징에 포함된다. 신체적 특징을 판단하는 데는 카메라나 소형 센서, 컴퓨터 등을 이용한 화상 인식 기술을 활용한다. 예컨대 손바닥 정맥 패턴이나 안구의 홍채나 망막 패턴 등은 개인을 특정하는 인증 수단으로 유명하다. 그 밖에도 얼굴이라면 눈의 위치양 눈의 간격이나 눈썹과 이마와의 거리나 입술의 모양, 위치 등의 정보를 수치화해두고, 등록 시의 정보와 비교하는 방법이 있다(그림1 신체 특징). 한편 손으로 쓴 사인필적 혹은 필압이나 말투발성 혹은 발음, 걸음걸이보폭

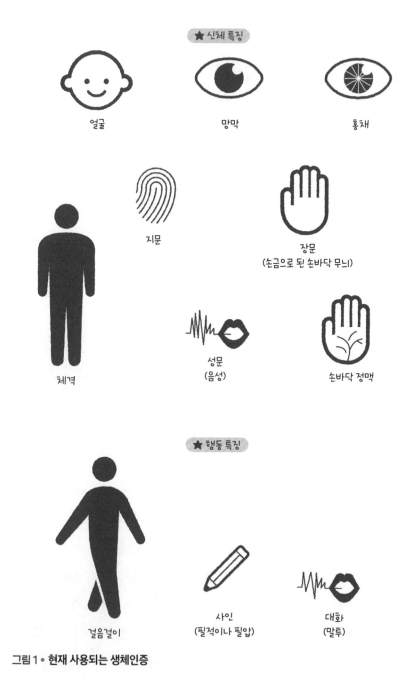

그림 1 • 현재 사용되는 생체인증

혹은 **중심이동**와 같은 버릇은 **행동적 특징**으로 생체인증 인증 수단으로 이용할 수 있다(**그림1 행동 특징**).

이러한 정보는 기본적으로 사람마다 다르다. 유전적으로 매우 가까운 일란성 쌍둥이라도 완전히 똑같지는 않기 때문에 흉내 정도로는 속일 수 없는 것이다. 생체인증은 꼼꼼하게 비교할수록 안전성이 높지만 너무 까다롭게 하면 본인도 인정받지 못하는 **인증 실패**의 딜레마에 빠질 수 있다. 지문이나 얼굴 정보는 성장과 노화 등 시간이 경과함에 따라 바뀌고, 뜻하지 않은 사고나 부상으로 신체적 특징이 손상될 수도 있다. 등록 시점의 데이터와 '100% 일치'해야만 인증해주는 시스템이라면 사용하기 쉽지 않다.

그래서 인증 실패에 대비한 **안전장치**마스터키가 준비되는 것이 보통이다. 예컨대 Windows 10의 PIN Personal Identification Number 코드와 같이, 4자릿수의 수열 등 암호 키를 사전에 정하는 것이다. 하지만 지문이나 얼굴 인증 등 보안상 '안심'이라고 여겨지는 생체인증을 운용하고 있어도 암호 키가 누설되면 의미가 없다. 현재는 '항상 무거운 열쇠를 가지고 다니지 않아도 될(= 간편하다)' 정도의 선에서 생체인증을 운용하는 경우가 많다.

조합하여
안전성 향상

생체인증을 안전하게 사용하려면 어떻게 하면 좋을까? 여기서는 일반적인 보안 개념을 도입해보자. 문 열쇠가 하나로 불안하다면 열쇠의 개수를 늘리게 된다. 생체인증이라면 몇 가지 **신체적 특징을 조합하거나 행동적 특징을 조합**하여 판정하는 것이다. 단독으로 인증하면 오판을 할 수 있어도 여러 인증을 결합하면 안전성이 비약적으로 높아진다(**그림2, 그림3**).

그림 2 • 멀티 생체인증 시스템

금전등록기가 없는 점포 '로손 후지쯔 신카와 사키 TS 레지스터 레스점' 입구에 도입한 후지쯔의 멀티 생체인증 시스템. 입장하고 결제할 때 손바닥 정맥과 얼굴 정보로 본인을 특정하는 기술을 이용하면 된다.　　　사진: 지지통신

예 1: 얼굴 + 홍채 + 대화(암호)

마이크로 IC칩

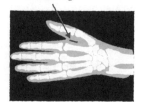

예 2: 손바닥 정맥 + 지문 + 사인(필적)

개인 특유의 정보를 부여하여 생체인증처럼 이용한다.

그림 3 • 조합으로 보안성 향상

　팔 안쪽이나 손의 피하 등에 심은 복잡한 ID 코드를 기록한 **초소형 마이크로 IC칩**RFID, Radio Frequency IDentifier을 생체인증과 조합해 사용하는 방법도 생각할 수 있다.

요즘은 왜 슬림형 자동차용 신호등이 증가하는 걸까?

자동차용 신호등은 우리 주변에 가까이 있어 무심코 지나치는 일이 많지만, 잘 살펴보면 최근 소형화, 슬림화가 급속히 진행되고 있다는 것을 알 수 있다. 왜 신호가 컴팩트해지고 있는지 생각해보자.

LED가 신호등의 슬림형과 에너지 절약에 공헌

일본 최초의 전구식 신호등은 1930년 도쿄 히비야의 교차로에 설치되었다. 현재는 전국에 20만 기 이상의 신호등이 설치되어 있다. 전구식 신호등은 전구, 반사경, 착색 렌즈와 차양용 후드로 되어 있는데 석양볕을 받으면 '모든 전구가 점등하고 있는 것처럼 보이는(유사점등 현상)' 결점이 있었다(그림 1). 그런데 고휘도의 청색 LED Light Emitting Diode, 발광 다이오드가 개발되어 1994년부터는 **LED 신호등**을 운용하고 있다. LED 신호등은 에너지 절약 효과도 있어, 현재는 차량용의 60% 이상을 차지하고 있고, 보행자용도 50% 이상이 LED 신호등이다(도쿄도는 거의 100%).

LED는 전기가 흐를 때 빛을 내는 **반도체**의 일종이다. 반도체란 전기가 통하는 도체와 전기가 통하지 않는 절연체의 중간적인 성질을 가지고 특정한 조건에서 전기가 통하는 물체이다. LED에 사용하는 다이오드는 전류의

그림 1 • 전구식 신호등의 유사점등 현상

태양광을 받으면 모든 전구가 켜져 있는 것처럼 보인다.   사진: 다키하라 와타루

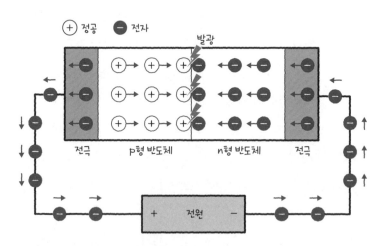

그림 2 • 다이오드 구조(p형, n형 반도체)

담당자인 전자를 주고받을 수 있는 n형 반도체와 전자를 받을 수 있는 정공을 가지는 p형 반도체를 접착시킨 것이다. p형이 +극이 되도록 전원을 연결하면 전자가 n형에서 p형 쪽으로 이동하여 정공에 전자가 들어간다. 그때 발생하는 에너지 중 일부가 빛으로 방출발광된다(그림 2).

LED는 전기로 발광하는 돌과 같은 것으로 전구에 비해 작은데다 발열도 적기 때문에 두께가 아주 얇은 슬림형이나 소형, 에너지 절약형 신호등으로 사용할 수 있다. LED 반도체는 **갈륨**을 주체로 하기 때문에 첨가하는 원소알루미늄, 비소, 질소, 인듐 등에 따라 발광하는 색이 달라진다.

빛을 굴절시키는
렌즈 개발

2011년 동일본 대지진 이래, 에너지 절약에 주목하면서 LED를 이용한 슬림형 신호등이 급속히 늘어났다. 하지만 적설지역에서는 신호등 불빛렌즈에 눈이 묻어 신호가 보이지 않는다는 불만이 속출했다. 기존 전구 타입 신호등은 전구가 발하는 열로 눈을 녹였지만 LED는 발열이 적어 눈이 잘 녹지 않는 데다 차양 후드에도 눈이 잘 쌓였기 때문이었다(그림 3).

그림 3 • 눈이 쌓인 신호등
어떤 색이 켜져 있는지 판단하기 어려우므로 위험하다.

그래서 표시면을 노면 쪽으로 약 20° 기울인 신호등이 나오게 되었다 (그림 4). 이제 표시면에 눈이 잘 붙지 않아 후드가 필요 없어지고 석양도 직접 받지 않게 되었다. 그런데 LED의 빛이 노면 쪽을 향하기 때문에 멀리서 보이는 시인성이 나빠졌다. 그래서 빛을 굴절시키는 렌즈가 개발되었다. 그림 5의 ②와 같이 **LED가 대각선 아래 방향에 발하는 빛을 노면과 평행하도록 구부릴 수 있게 되어** 멀리서도 신호등 색상을 인식할 수 있게 되었다. 최근에

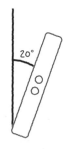 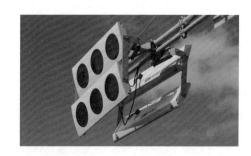

그림 4 • 경사 슬림형 신호등

20° 정도 경사를 만들어주면 석양을 차단하는 후드가 불필요하고 눈도 잘 붙지 않는다. 비스듬히 보면 점등되지 않은 것처럼 보인다.

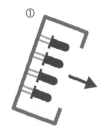 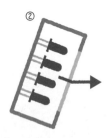 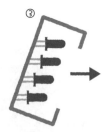

그림 5 • 비스듬한 신호등 빛을 정면으로 보내기 위한 방법

① 신호등 표시면을 기울이면 빛도 아래로 향하게 된다.
② 빛을 구부리는 렌즈(하늘색)를 끼워 빛을 정면으로 향하게 한다.
③ 발광면이 정면이 되도록 LED를 설치한다.

는 LED 발광 부분을 기울인 것도 개발되었다(**그림 5**의 ③). 이렇게 해서 스마트폰처럼 평평한 신호등이 만들어졌다.

평평한 신호등은 소형 경량인데다 악천후에 강하고, 에너지도 절약할 수 있고, 보수 작업을 할 필요도 거의 없는 좋은 점뿐인 신호등이라고 생각했으나 결점이 있었다. LED는 발광하는 빛의 색 범위가 전구에 비해 좁기 때문에 색맹인 사람은 적색을 인식하기 어렵다는 것이다. 그래서 유니버설형 신호등이 개발되어 실증 실험이 진행되고 있다.

26 Q 고층 건물 유리창은 왜 거울처럼 보일까?

화창한 날 도시를 걷다 보면 거울처럼 유리창으로 뒤덮인 사무실 빌딩이 눈에 들어온다. 왜 유리창이 푸른 하늘과 주변 경치를 비추며 반짝반짝 빛나는지 생각해 보자.

빛을 투과하기도 하고 반사하기도 하는 복합 재료 기술

유리와 거울은 깊은 관계가 있다. 금속은 반들반들하게 잘 닦으면 빛을 반사하는 거울이 된다. 금속 내의 자유전자가 눈에 보이는 빛가시광선에 반응해 거의 모든 가시광선을 그대로 되돌리기 때문이다반사. 다만 깨끗한 평면이어야 한다.

그래서 매끄러운 유리에 은 도금을 해서 금속 평면을 만들고 깔끔하게 반사시킨 것이 거울이다(그림 1). 이때 은은 가시광을 투과시키지 못한다. 만약 거울을 창문으로 사용한다면 방안은 깜깜할 것이다.

그런데 눈으로 두께를 구분하기 어려울 정도로 얇은 박막으로 바꾸면 자유전자의 양이 충분하지 않기 때문에 **빛을 어느 정도 투과할 수 있게 된다**. 박막 종류나 두께를 달리하여 가시광선 반사량을 조정하고, 적당한 차광성을 갖게 해 실온의 상승을 억제하면 에코 글라스가 된다. 이것이 **열선**적외선 **반사 유리**다. 사무실 빌딩의 반짝반짝하는 유리창에는 이 열선 반사 유리가

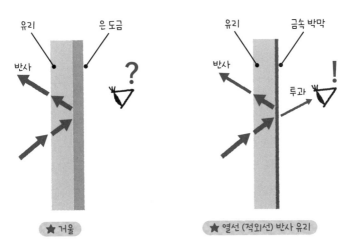

그림 1 • 거울의 구조

유리 뒷면에 은 도금을 해서 금속 평면을 만들고 깔끔하게 반사시키는 것이 거울이다. 금속 부분을 극단적으로 얇게 만들면 빛의 일부가 투과하게 된다.

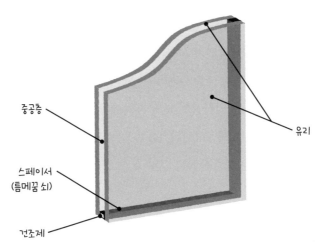

그림 2 • 단열유리(복층유리)의 단면

중공층에는 건조 공기나 아르곤 가스 등 열이 잘 전달되지 않는 가스를 넣고 봉하기 때문에 단열성이 높다.

사용된다. 제품에 따라서는 가시광선 반사율이 30% 정도나 되는 유리창도 있어 거울처럼 된다. 겨울에는 실내에서 나온 열을 반사하여 실내로 되돌리기 때문에 난방 효과가 높다. 에코 글라스 중에는 열선을 흡수하여 차단하는 **열선 흡수 유리**도 있다. 열선을 흡수하는 이온(일반적으로 철 이온)을 유리에 첨가하여 흡수 성능을 높인 것이다.

유리를 이중으로 만들고 유리 사이에 열이 잘 전달되지 않는 건조 공기를 넣고 봉해서 중공층을 마련한 **단열유리**복층유리(그림 2)도 에코 글라스의 일종이다. 일본에서는 최근 신축 단독주택에 단열유리를 사용하는 경우가 많아지고 있다.

장점만 모아놓은
에코 글라스 Low-E 유리

열선 반사 유리와 열선 흡수 유리, 복층유리의 장점만을 합쳐 놓은 에코 글라스가 Low-E 유리이다. Low-E 유리는 그림 3과 같이 금속 박막의 반사와 열선 흡수 유리의 흡수로 열선을 차단한다. 일석이조의 효과를 노리는 것이다. 유리에 흡수된 열에너지는 열선으로 재방사되지만, 금속은 방사율이 낮기 때문에 금속 박막 쪽은 열선 방사가 억제되어 대부분 실외로 재방사된다. Low-E는 Low Emissivity저방사율의 약어이다. Low-E 유리는 복층유리의 단열 효과도 더해져 열에너지 출입을 확실히 억제한 고기능 에코 글라스이다.

왜 밤에는
사무실 안이 잘 보일까?

사무실 빌딩 유리창은 낮에는 거울처럼 경치를 비춰서 안이 보이지 않지만 밤에는 빌딩 안이 잘 보인다. 밖이 밝

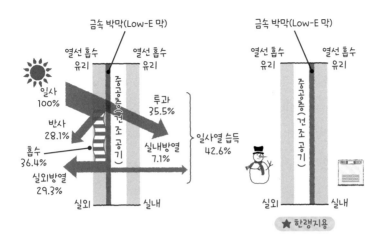

그림 3 • Low-E 유리의 일사 에너지

실외에서 나오는 열선은 금속 박막의 반사와 열선 흡수 유리의 흡수로 차단한다. 흡수된 열에너지는 유리에서 열선으로 재방사되지만, 금속은 방사율이 낮기 때문에 금속 박막 측은 열선 방사가 억제되어 대부분 실외에 방사된다. 한랭지에서는 난방 에너지를 옥외에 내보낼 수 있도록 실내 유리에 금속 박막을 입힌다.

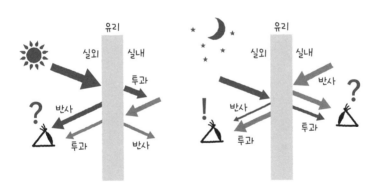

그림 4 • 유리창의 반사와 투과

밖이 밝을 때는 반사광이 크기 때문에 실내에서 나오는 빛이 반사광에 눌려 실내가 잘 보이지 않는다. 밤에는 반사광이 작기 때문에 실내에서 나오는 투과광이 더 좋아 실내가 잘 보인다. 반대로 실내에서는 바깥의 빛이 약하기 때문에 실내의 반사광이 더해져 거울처럼 자신의 모습을 비치고, 밖은 잘 보이지 않게 된다.

은 낮에는 실외 빛의 반사광이 어두운 실내에서 유리창을 통과해 밖으로 나오는 빛보다 강하기 때문에 반사한 빛이 늘어나 실내가 잘 보이지 않는다(그림 4). **하지만 밤에는 밖이 어두워서 반사광이 거의 없다. 그 때문에 조명으로 밝힌 실내의 빛이 늘어나 밖에서 실내가 잘 보인다.**

반대로 방안에서 창밖을 보면 방안에서 반사하는 빛이 깜깜한 바깥의 빛보다 많기 때문에 자신의 모습은 거울에 비치듯 볼 수 있지만 밖은 잘 보이지 않는다. 그 때문에 실내에서 밖은 잘 보이지 않아도 야근하는 모습은 밖에서 환히 보이는 것이다.

왜 자동차 앞 유리는
쉽게 깨지지 않을까?

내 자동차 사용설명서에는 '이 차량의 전면유리는 접합유리이기 때문에 비상 탈
출용 망치로 부술 수 없다'라고 적혀 있다. 왜 유리창이 깨지지 않는지 생각해
보자.

**접합유리는
우연의 산물**　　　　　　　　유리는 약 5000년 전, 메소포타미아
지방에서 '우연히 발견되었다'. 기술 혁신으로 개량이 진행된 현재는 다종다
양한 유리가 일상생활에 쓰이고 있다. 유리가 진화한 데는 복합 재료가 중요
한 역할을 했는데 **접합유리**도 수지 필름과 유리의 복합 재료이다.

　　접합유리를 발명한 사람은 프랑스의 에두아르 베네딕투스Edouard
Benedictus라는 화학자다. 베네딕투스가 하루는 실수로 콜로디온이 들어 있
는 플라스크를 바닥에 떨어뜨렸는데 파편이 튀지 않고 거미줄처럼 갈라진
다는 사실을 발견했다. 콜로디온은 분말을 고정하거나 붕대 재료로 쓰이는
액체인데 콜로디온이 휘발하고 남은 **니트로셀룰로오스**가 유리 파편이 튀는
것을 막았던 것이다.

　　당시 자동차 창문에 사용되던 판유리는 내구성이 낮아 사고가 나면 예
리하게 깨진 유리가 탑승자에게 심각한 상해를 입혔다. 베네딕투스는 2장의

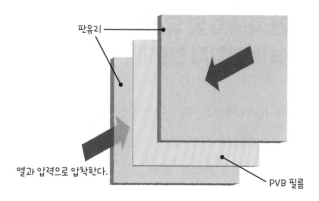

판유리

열과 압격으로 압착한다.

PVB 필름

그림 1 • 접합유리의 구조

접합유리는 판유리에 PVB 필름을 끼워 만든다. PVB 필름에 차음성과 자외선 흡수 등의 기능을 부가하여 쾌적한 차내 환경을 만드는 데 일조한다.

유리 사이에 중간 막으로 니트로셀룰로오스를 끼운 접합유리를 발명하고 자동차의 유리창에 사용할 것을 권했다. 현재 접합유리의 중간 막에는 투명도가 높은 **폴리비닐부티랄PVB 필름**을 사용한다(그림1).

일본에서는 1987년 이후에 제조된 자동차 앞 유리에 접합유리 사용이 의무화되어 있어 사고 등으로 깨져도 금이 갈 뿐 파편이 튀지 않고 무너져 내리지 않는다. 또한 사고로 사람이 부딪쳐도 PVB 필름이 충격을 완화해 준다. 거기다 PVB 필름에 자외선 흡수제를 첨가하여 380 nm의 자외선을 거의 차단하는 효과도 추가되어 있다. 접합유리는 망치로 두드려도 좀처럼 깨지지 않기 때문에 **방범용 유리**로 사용하기도 한다.

안전하게 깨지는
강화유리 　　　　　　자동차 전면 유리 이외의 창에는 **강화유리**를 사용한다. 강화유리는 판유리를 가열한 후 표면을 급속 냉각시킴으

그림 2 • 특수한 절단기가 아니면 자를 수 없는 앞 유리

자동차 앞 유리를 절단해 구조하는 방재 훈련 모습. 접합유리라서 구멍을 뚫어도 유리가 깨지지 않는다. 사진에서는 특수 절단기로 수지 필름을 자르고 있다. 　　　　　　사진: 지지통신

로써 표면과 내부에 다른 방향의 '당기는 힘'을 남겨 외부에서 가하는 힘에 대해 일반 유리에 비해 강도를 3~4배 높였다. 다만 한 점이라도 내부까지 금이 가면 금이 가는 방향으로 작용하는 내부의 당기는 힘 때문에 유리 전체가 입자 모양으로 산산조각 나는 것이 특징이다. 강화유리는 예리한 모양으로 갈라지지 않아 비교적 안전하다. 비상시 탈출용 망치를 강화유리의 한 점에 집중해 충격을 가하도록 하는 것은 이 때문이다.

　자동차 유리는 **그림 3**과 같이 모두 각인되어 있어 어떤 유리를 사용했는지 알 수 있다. 각인을 보면 차의 앞 유리는 접합유리를, 뒷문의 유리는 강화유리를 사용했음을 알 수 있다. 유리의 두께와 색상, 기능 정보를 나타내는 **M 넘버**라는 것도 있지만, 기호 대응표는 제조사마다 비공개인 것 같다. 유리에 자외선 흡수 코팅막을 입혀 자외선을 최대한 차단하는 **자동차용 단판**

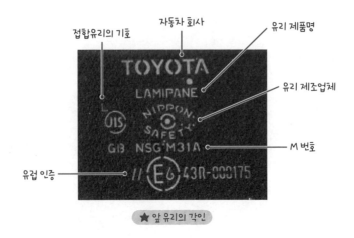

접합유리의 기호 · 자동차 회사 · 유리 제품명 · 유리 제조업체 · M 번호 · 유럽 인증

★ 앞 유리의 각인

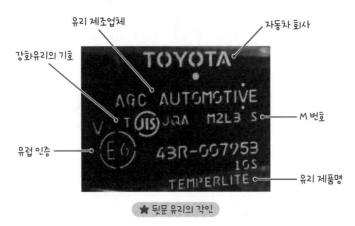

유리 제조업체 · 자동차 회사 · 강화유리의 기호 · M 번호 · 유럽 인증 · 유리 제품명

★ 뒷문 유리의 각인

그림 3 • 자동차의 유리 각인

제품명 및 T 또는 L 기호로 강화유리인지 접합유리인지를 알 수 있다. 유리의 특징을 나타내는 M 번호 기호대응표는 비공개이다.

유리도 개발되었다. 단판유리에는 방음이나 단열 효과도 추가되어 쾌적한 차내 환경을 만드는 데 일조하고 있다.

에어컨에 사용되는
열펌프는 무엇일까?

히트펌프(열펌프)는 단열 압축과 단열 팽창으로 공기를 더 뜨거운 공기와 차가운

공기로 나누는 기계이다. 에어컨에서 냉장고까지 1대로 난방도 냉방도 가능하다.

어떻게 1대로 냉난방을 모두 할 수 있는지 생각해보자.

1대로 난방도
냉방도 할 수 있는 이유

IH 전기밥솥은 전기 에너지를 열로 바꿀 뿐이므로 차갑게는 할 수 없다. 하지만 에어컨은 난방도 냉방도 할 수 있다. 에어컨이 **히트펌프**라는 방법을 사용하고 있기 때문이다. 히트펌프의 히트는 열이므로 열펌프라는 뜻이다.

히트펌프는 열에 관한 2가지 성질을 조합하여 만들었다. 하나는 '공기를 갑자기 압축하면 뜨거워지고, 갑자기 팽창시키면 차가워진다'라는 성질이다. 펌프를 사용하여 힘차게 자전거 타이어에 공기를 넣으면 펌프 아래쪽이 뜨거워진다. 공기를 급히 압축했기 때문이다. '급히'라는 것이 포인트이나 정확하게는 열이 밖으로 달아나지 못하도록 한다는 의미다. 열이 밖으로 달아나지 않도록 하고 반대로 갑자기 팽창시키면 온도를 낮출 수 있다. 이것을 **단열 압축**과 **단열 팽창**이라고 부른다. 또 하나는 '열은 온도가 높은 쪽에서 낮은 쪽으로 이동한다'는 성질이다. 이런 현상은 어쩌면 당연할지도 모른다.

펌프를 사용하면 공기가 압축되어 아래쪽이 뜨거워진다.

그림 1 • 압축하면 뜨거워지는 공기

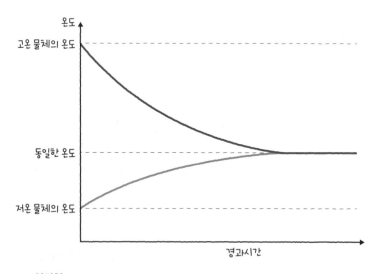

그림 2 • 열평형

온도가 다른 물체가 접촉하면 머지않아 같은 온도가 된다.

뜨거운 차에 얼음을 넣으면 열이 차에서 얼음으로 이동하여 얼음은 녹고 차는 미지근해진다. 이것을 **열평형**이라고 한다.

에어컨은 이 두 가지 성질을 이용하여 만든다. 실제 에어컨은 실외기와 실내기로 나누어져 있는데, 그 사이를 **냉매**라고 하는 유체가 빙빙 돌고 있다. 냉매는 평소에는 기체가스이지만 차게 하거나 압력을 높이면 쉽게 액체가 된다.

열을 올리기도 내리기도 하는 냉매

에어컨 실외기에는 **컴프레서**압축기라는 장치가 들어 있다. 기체를 압축시켜 압력을 높이는 이 장치는 모터 등으로 바깥 공기를 압축해 뜨겁게 한다. 자전거 펌프 또한 컴프레서의 일종이다. 난방의 경우는 단순하다. 뜨거운 공기가 냉매를 따뜻하게 하고, 뜨거운 냉매가 실내기까지 와서 실내 공기를 따뜻하게 데운다. 냉매는 실내에서 식으면 액체가 된다. 그러면 **잠열**이 나와 방을 덥힌다. 그리고 실외기로 되돌아가 다시 데워지면 기체가 된다.

이것을 역전시키면 냉방이 된다. 우선 실외기에서는 컴프레서로 만든 뜨거운 고압의 냉매를 바깥 공기로 식히고 고압인 채 액체로 만든다. 액체인 냉매는 다음으로 팽창 밸브라고 하는 기구를 통과하게 된다. 팽창 밸브는 압력을 급격히 낮추기 때문에 온도가 내려간다. 에어컨이라면 5℃ 정도까지 차가워진 냉매가 그대로 실내기로 들어가 방 안의 공기를 차게 한다. 방 안의 공기로 데워진 냉매는 기체로 변하는데, 이때 다시 열을 받아 실외기로 돌아간다.

결과적으로 히트펌프가 전기 에너지를 그대로 열로 바꾸는 것이 아니

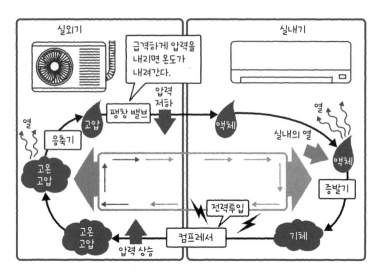

그림 3 • 컴프레서와 팽창 밸브를 사용한 에어컨 구조(냉방)

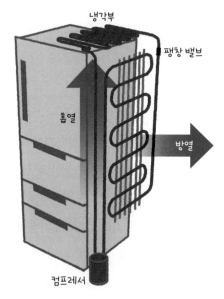

그림 4 • 냉장고도 히트펌프로?

파이프에는 냉매가 흐르고 있다. 컴프레서로 압축된 고열의 냉매는 방열로 식혀지고 팽창 밸브로 압력이 한층 더 내려 차가워진다. 차가워진 냉매가 음식물 등을 차갑게 한다.

라 전기로 공기를 압축하여 더 뜨거운 공기와 차가운 공기로 나눈다. 코타츠(일본의 실내 난방 기구—옮긴이)와는 전혀 다른 이치라고 할 수 있다. 구조는 조금 복잡하지만 단순한 전열기보다 훨씬 에너지를 절감할 수 있다.

참고로 냉장고도 같은 원리이다. 에어컨의 제품 표시를 보면 '냉방 능력', '난방 능력', '소비 전력'이 있는데, 보통은 소비 전력보다 냉방 능력이나 난방 능력이 몇 배나 크다. 그만큼 에너지를 절약할 수 있는 것이다.

엘리베이터가 추락해도
잘 뛰면 살 수 있다고?

엘리베이터가 추락했을 때 '지표면에 충돌하는 순간, 공중에 있으면 살아나지 않을까?'라고 생각한 적은 없는가? 하지만 그냥은 안 되는 이유가 세 가지 있다. 차근차근 생각해보자.

떨어지는 동안은
무중력 상태

먼저 첫 번째 이유는 떨어지는 동안 엘리베이터 안은 무중력 상태라는 것이다. **무중력 상태에서는 몸의 자세를 유지하기가 매우 어렵다.** 만일 무언가를 잡고 바닥에 양발을 힘껏 버티는 자세를 취했다고 해도 상당한 손상을 입게 된다. 참고로 우주 비행사 훈련은 무중력 상태에서 엔진을 끄고 낙하하는 비행기 안에서 실시한다.

떨어지는 순간은
언제?

두 번째 이유는 언제 지상에 충돌할지 모른다는 것이다. 30 m쯤 되는 7~8층 높이 빌딩에서 엘리베이터가 낙하했다고 해보자. 공기 저항은 없는 것으로 계산하면 떨어질 때까지 2.5초, 낙하 중의 속도 $v = gt$(g: 중력 가속도 9.8 m/초^2, t: 초)이므로 계산하면 지표면에 충돌할 때의 속도는 24.5 m/초이다. 이는 88.2 km/h가 되므로 밖이 보

그림 1 • 땅에 부딪히기 직전에 점프하면 살아난다?

그림 2 • 떨어질 때는 무중력

무중력 상태에서 점프하는 듯한 자세를 취하기는 어렵다. 뭔가를 붙잡는 게 고작일 것이다.

이지 않는 엘리베이터 안에서 지표면과의 충돌 순간을 적절하게 포착하여 뛰어오르기는 매우 어렵다. 우연히 타이밍을 잘 맞춰 뛰어올랐다고 해도 세 번째 문제가 남는다.

어느 정도 속도로 점프할 수 있을까?

세 번째 이유는 속도이다. 앞서 언급한 것처럼 엘리베이터가 지표면에 충돌하는 순간의 속도는 88.2 km/h이다. 그때 운 좋게도 무중력 상태에서 자세를 가다듬어 적절한 타이밍에 점프했다고 해보자. 이때 엘리베이터 속도를 얼마나 줄일 수 있을까.

엘리베이터 승객이 점프하는 것이기 때문에 도움닫기 없이 점프하게 된다. 여기서는 제자리뛰기 기록을 참고해봤다. 육상 도약 선수나 NBA 프로 농구 선수의 평균은 70 cm이므로 이 값을 참고하여 계산해보겠다. 그러면 선수가 70 cm 정점에 도달할 때까지 0.38초 걸린다. 어느 정도의 속도로 뛰었는가 하면 3.7 m/초, 즉 13.3 km/h이다. 이때 엘리베이터 안에 있는 사람의 속도를 계산해보면 엘리베이터 안의 속도는 88.2 km/h이므로 엘리베이터 안에서 점프한 사람이 얻은 속도 13.3 km/h를 뺀, 속도 74.9 km/h로 충돌한다.

좀 더 가까운 예는?

이것을 다른 예로 생각해보자. 그림 4와 같이 컨테이너를 실은 트럭을 준비한다. 바퀴가 달린 의자에 앉아 앞 벽에 발을 짚고 트럭이 벽에 충돌하는 순간에 벽을 걷어차는 것과 같다. 이 트럭이 88.2 km/h로 충돌하는 것이다. 충돌하는 순간에 컨테이너

그림 3 • 언제 바닥에 부딪힐지 모른다

지표면에 충돌하는 순간을 파악하고, 그 타이밍에 딱 맞춰 뛰어야 하는데, 밖이 보이지 않기 때문에 어렵다.

그림 4 • 자동차 충돌과 비슷

충돌하는 순간에 정확하게 걷어찬다 해도 74.9 km/h의 속도로 컨테이너 벽에 부딪히고 만다.

를 잘 찼다고 해도 74.9 km/h의 속도로 컨테이너에 부딪힌다. 참고로 낙하하는 엘리베이터 안에 있을 경우, 엘리베이터 바닥에 누우면 살아날 확률이 가장 높다. 바닥에 닿아 있는 면적을 크게 하여 단위 면적에 가해지는 힘을 줄이는 것이다.

유제품은 장을 나쁘게 한다는 우유 유해설의 진실

COLUMN 2

'우유나 유제품은 장을 나쁘게 한다'라는 말이 떠돌기 시작한 것은 세계적인 위 대장내시경수술 전문가인 신야 히로미미국 아인슈타인 의과대학 외과 교수 박사가 쓴 책이 베스트셀러가 되면서부터. 책에서 신야 히로미 박사는 '우유는 녹슨 지방이다', '매일 많은 우유를 마시는 사람들은 골다공증으로 괴로워한다', '요구르트를 매일 먹는 사람의 장 상태는 좋지 않다'며 우유와 유제품이 몸에 나쁘다고 주장한다. 그는 내시경 전문가로서 30만 명의 '장 상태'를 진찰해왔다고 하지만, 내시경 전문가가 진찰하는 것은 장이 나쁜 사람이 압도적일 것이기 때문에 그중에 우유나 유제품을 마시는 사람이 많다고는 해도, 그것들이 장에 나쁘다고 말할 수는 없을 것이다.

우유를 마시면 배탈이 나는 유당불내증우유를 분해하는 락타아제라는 효소의 분비가 소장에서 부족해서 일어난다이나 우유알레르기라는 체질적 문제를 가진 사람은 예외지만 우유나 유제품을 섭취한다고 해서 특별히 문제가 될 것은 없다.

전문가들은 일본인이 세계에서 평균 수명 최고 수준이 된 원인의 하나로 우유나 유제품과 함께 육류 섭취가 늘어나 사망원인 1위였던 뇌졸중이 줄어든 점을 지적한다. 만약 신야 히로미 박사가 권하는 것처럼 '고기와 유제품을 전혀 먹지 않고 야채만 먹는' 생활을 한다면 혈관이 약해져 뇌졸중 사망률이 다시 늘어날지도 모른다.

현재 일본인의 식생활에서 일반적으로 부족한 미네랄은 칼슘이라고 할 수 있다. 우유나 유제품은 칼슘 흡수율이 좋고, 칼슘 부족에 대한 대책으로도 뛰어난 식품이다. 성장기 어린이의 영양공급과 중장년 여성에게 많은 골다공증 대책으로도 안심하고 마실 수 있는 식품이다. 칼로리 과다가 걱정되는 사람은 저지방 우유를 마시면 된다.

전자레인지는 '음식물을 변질시키기 때문에 유해하다'?

전자레인지는 불이 아닌 마이크로파 영역의 전자파로 음식물을 데운다. 음식물에 함유되어 있는 물에 마이크로파를 흡수시켜 음식물 내부에서부터 가열한다. 불의 경우에는 냄비와 프라이팬 등을 가열하여 온도를 높인다. 뜨겁게 달궈진 냄비와 프라이팬이 거기에 들어 있는 음식물과 물을 따뜻하게 만든다. 이 경우 음식물 속의 물분만 아니라 음식물 전체가 따뜻해진다. 냄비나 프라이팬을 사용해 조리할 때도 음식물을 소화하기 쉽게 만드는 등의 변질이 일어난다.

반면 전자레인지는 물만 따뜻하게 데운다. 사기그릇 등도 따뜻하게 데워지기는 하지만 물만큼 뜨겁지는 않다. 음식물에는 반드시 물이 함유되어 있기 때문에 물만 따뜻하게 해도 음식물을 따뜻하게 데울 수 있는 것이다.

'전자레인지는 유해하다'고 믿는 사람은 '전자파'라는 말에 민감하다. 전자레인지가 전자파로 음식물을 데우면 전자파라는 방사선을 이용하는 것이므로 방사능에 오염될 수도 있고, 음식물 속의 물질에 전자파가 잔류할 수도 있고, 음식물에 자연계에 없는 물질이 생길 수도 있다고 생각하는 것이다.

방사능 오염을 일으키는 방사선은 정확하게는 전리 방사선이라고 해서 α선, β선, γ선 등이기 때문에 마이크로파와는 다르다. γ선 파장은 $0.01~\mu m$ 이하이고, 전자레인지의 마이크로파 파장은 $12.2~cm$ 정도이다. 마이크로파에는 물질 속의 원자로부터 전자를 튕겨내는(전리하는) 작용이 없다. 마이크로파가 음식물 속에 잔류하지도 않는다.

전자레인지는 음식물을 쉽게 가열할 수 있고 조리 시간도 짧아 직접 불에 올리거나 냄비 같은 금속이나 도자기로 음식물 전체를 데우는 것보다 음식물 내의 물질 변화가 미미하다.

제3장

저녁에
마주치는
과학

술을 마시면 몸 안에서는
어떤 반응이 일어날까?

술을 마시면 감정이 고조되어 웃는 사람도 있고, 눈물을 흘리는 사람도 있다. 술 마
신 다음 날 숙취로 머리가 지끈지끈 아픈 사람도 있다. 이런 원인이 어디에 있는지
한번 생각해보자.

몸에 영향을 미치는 성분은
알코올

'술'에는 맥주, 와인, 소주, 청주 등 다
양한 종류가 있다. 맛과 향도 다양한 술에는 많은 성분이 들어 있지만 몸과
뇌에 영향을 미치는 것은 **알코올**에탄올이라는 물질이다. 알코올은 체내에 흡
수가 잘 된다. 입을 통해 체내로 들어온 알코올은 그 20%가 먼저 위에서 흡
수되고, 나머지 대부분은 소장에서 흡수된다. 흡수된 알코올은 혈액에 녹아
들어 전신을 도는데, 5% 정도는 소변이나 내쉬는 숨에 포함되어 그대로 배
설된다. 나머지의 95%, 즉 대부분의 알코올은 체내를 돌고 돌아 마지막으
로 간으로 이동한다.

술 취한 정도는
혈중 알코올 농도로 결정

알코올이 체내를 도는 동안에는 당연
히 뇌에도 올라온다. 알코올에는 마취 작용이 있어 뇌를 마비시키므로 이른

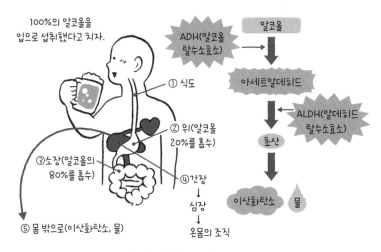

그림 1 • 체내에 들어간 알코올 경로와 간에서의 분해

참고: '음주와 건강' 무코가와여자대학 바이오사이언스 연구소

바 취한 상태를 만들어낸다. 그 때문에 다소 개인차가 있기는 하지만 술에 취한 정도는 뇌 속의 알코올 농도와 관련이 있다. 뇌 속의 알코올 농도를 측정할 수는 없기 때문에 일반적으로는 혈중 알코올 농도를 술에 취한 상태의 기준으로 삼는다. 예를 들어 몸을 가눌 수 없을 정도로 술에 몹시 취한 상태는 혈중 농도가 0.16~0.3%(청주 720~1,080 ml 정도)일 때를 말한다.

간으로 모아진
알코올의 행방

간에서 알코올은 알코올탈수소효소 ADH, alcohol dehydrogenase라는 효소 작용에 의해 아세트알데히드라는 유해물질로 분해된다. 또 다른 효소인 알데히드탈수소효소 ALDH, aldehyde dehydrogenase에 의해 아세트알데히드는 무해한 **아세트산**초산으로 변화한다. 초산은 혈액을 타고 전신을 돌다가 다시 물과 이산화탄소로 분해되고 마지막으로

	음주량	혈중 농도(%)	뇌의 상태와 취한 정도
상쾌함	맥주: ~1병 청주: ~1홉 위스키: ~싱글 2잔	0.02~0.04	가볍게 취한다. 피부가 빨갛게 된다. 쾌활해진다.
얼큰히 취함 (거나한 상태)	맥주: 1~2병 청주: 1~2홉 위스키: ~싱글 3잔	0.05~0.1	가볍게 취한다. 거나한 기분이 된다. 맥박이 빨라진다.
몹시 취함 (초기)	맥주: 3병 청주: 3홉 위스키: 더블 3잔	0.11~0.15	가볍게 취한다. 마음이 격해진다. 일어서면 몸이 흔들린다.
몹시 취함 (절정기)	맥주: 4~6병 청주: 4~6홉 위스키: 더블 5잔	0.16~0.3	많이 취한다. 갈지자 걸음이 된다. 호흡이 빨라진다.
만취한 상태	맥주: 7~10병 청주: 7홉~1되 위스키: 1병	0.31~0.4	마비된다. 제대로 서지 못한다. 혀가 꼬인다.
혼수 상태	맥주: 10병~ 청주: 1되~ 위스키: 1병~	0.41~	죽음에 이른다. 흔들어도 움직이지 않는다. 대소변을 무의식중에 배출한다.

그림 2 • 음주량과 혈중 알코올 농도

참고: '음주의 기초 지식' 알코올건강의학협회

활성형	일본인 56%	아세트알데히드 분해가 빠르다.	술에 강하고 마셔도 피부가 빨개지지 않는다.
불활성형	일본인 40%	아세트알데히드 분해가 느리다.	술에 약하고 마시면 피부가 빨개진다.
비활성형	일본인 4%	알코올을 받아들이지 못한다.	술을 못 마신다.

그림 3 • 아세트알데히드분해효소의 유전자 패턴에 의한 알코올 내성

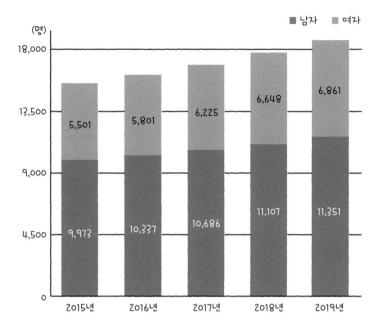

그림 4 • **과거 5년간 급성 알코올 중독 이송자 수(도쿄)**

월별 이송자 수를 살펴보면 12월이 가장 많다. 송년회 같은 모임에서 술을 마실 기회가 많기 때문일 것이다. 　　　　　　　　　　　　　　　　　　　　　　　　출처: 도쿄소방청

소변이나 내쉬는 숨에 섞여 체외로 배출된다.

　이때 미처 다 분해되지 못한 알코올은 다시 온몸을 돌고 난 후 간으로 돌아와 분해된다. 이런 식으로 분해하는 도중에 발생하는 아세트알데히드가 숙취를 유발하는 유력한 원인으로 꼽히고 있지만 정확한 숙취 메커니즘을 알 수는 없다. 숙취는 특정 물질뿐만 아니라 호르몬 균형 변화 등 다양한 요인이 복합적으로 얽혀 일어나기 때문이다. 만약 그 메커니즘이 완전히 밝혀지면 사람을 괴롭히는 숙취가 없어지는 날이 올지도 모른다.

술에
강한 사람, 약한 사람

술에 강한 사람도 있고 술에 약한 사람도 있다. 술에 강하고 약하고는 체격 차나 남녀 차, 연령 차이도 있지만, **유전적인 체질에 따라서도 다르다.** 앞서 소개한 알데히드탈수소효소라는 효소가 유전적으로 불활성이거나 기능이 약한 사람은 조금만 마셔도 금방 취하는 것으로 알려져 있다. 이런 사람은 술에 약한 체질이므로 급격한 체내 흡수를 억제하기 위해 물이나 식사와 함께 술을 마시거나 분해 속도를 초과하지 않도록 천천히 마시는 것이 좋다. 술에 강하고 약하고를 떠나서 **원샷**은 절대로 하지 말자. 단숨에 들이키면 혈중 알코올 농도가 급상승하기 때문에 혼수상태가 될 수도 있어 위험하다.

31 Q 형광봉을 접으면 왜 밝게 빛을 낼까?

라이브 무대나 콘서트장에서는 일회용 형광봉을 빼놓지 않고 볼 수 있다. 가볍게 막대기를 부러뜨려 안에 든 앰플을 쪼개면 일정 시간 반짝이는 형광봉이 어떻게 빛을 내는지 생각해보자.

물리 변화와 화학 변화

물질의 변화는 크게 두 가지로 나눌 수 있다. 물질의 성질이 바뀌지 않는 **물리 변화**와 물질의 성질이 바뀌는 **화학 변화**다. 그럼 두 가지의 가장 큰 차이점은 뭘까.

장소를 이동하거나 속도나 방향이 바뀌어도 물질 자체가 변화하지 않으면 물리 변화이다. 물이 얼음이나 수증기가 되어도, 물질이 고체, 액체, 기체 3가지 상태로 변화상태 변화해도 성질을 잃지 않는다. 얼음도 물도 수증기도 물 분자로 이루어져 있고, 물 분자의 집합 상태가 다를 뿐이므로 물질 자체는 변하지 않았다. 이러한 상태 변화도 물질 자체가 변하지 않기 때문에 물리 변화이다. 반면 수소와 산소를 섞어서 불을 붙이면 수소도 산소도 아닌 물이 된다. 이처럼 반응 전의 물질과는 별개로, 반응 전에는 없었던 새로운 물질이 생기는 변화가 화학 변화화학반응이다.

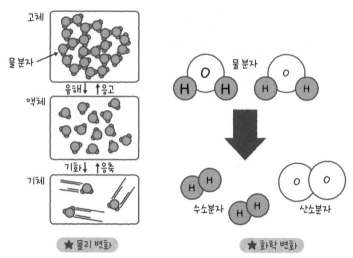

★ 물리 변화

물의 상태 변화는 물 분자의 집합 상태가 변화하는 것이지, 물질인 물 자체는 변화하지 않는다.

★ 화학 변화

물의 분해는 화학 변화다. 원자의 결합이 바뀌어 다른 물질로 변한다.

그림 1 • 물리 변화와 화학 변화

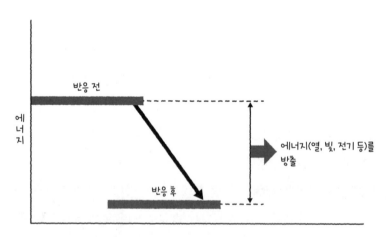

그림 2 • 화학반응과 에너지

빛을 발하는
화학반응

화학반응이 일어나면서 발생하는 에너지는 주위에 방출된다. 예컨대 수소는 산소에 반응하면 연소하거나 폭발하면서 열과 빛 에너지를 방출한다.

화학반응을 통해서 생기는 에너지가 주로 **빛 에너지**로 발생하여 방출되는 경우가 있다. 이러한 현상을 화학 발광이라고 한다. 빛을 반짝거리는 반딧불은 자연계에서 볼 수 있는 **화학 발광**이다. 바다 반딧불이나 발광 물고기 등의 발광도 마찬가지다. 화학 발광이 일어나는 화학반응의 대부분은 물질이 산소와 결합하거나 전자를 잃거나 하는 산화반응이지만 연소와는 달리 거의 열이 나지 않는다.

화학 발광이 일어나는 제1단계에서는 화학반응으로 생긴 물질이 여기 상태가 된다. **여기 상태**란 물질 속의 전자가 매우 흥분한, 에너지가 높은 상태가 되는 것을 말한다. 여기 상태는 불안정하므로 **기저 상태**흥분하지 않은 보통 상태로 돌아간다. 이때 여분의 에너지를 빛 형태로 내서 발광하는 것이다.

반딧불이가 빛을 내는 구조는 복잡하다. **효소**가 작용하기 때문이다. 세포 내에 있는 에너지를 내는 물질인 아데노신삼인산ATP이 가진 에너지를 소비하면서 효소 루시페라아제발광효소가 루시페린발광소을 분해하면 여기 상태의 산화 루시페린이 생기는데, 여기 상태의 산화 루시페린이 원래 상태로 돌아올 때 황록색 빛이 발생한다. 바다 반딧불이도 반딧불이와 마찬가지로 루시페라아제와 루시페린을 가지고 있다. 반딧불이는 몸속에서 반짝거리는 빛을 내지만, 바다 반딧불이는 그것을 체외로 방출하여 빛을 낸다. 이 점이 반딧불이와 다르다.

형광봉케미컬 라이트은 반딧불의 발광 원리를 응용한 화학 발광에 의한 광

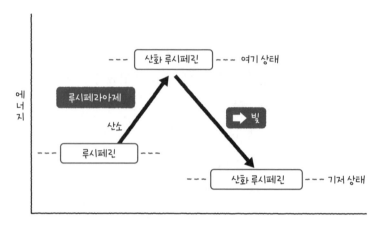

그림 3 • 반딧불이가 빛을 내는 원리

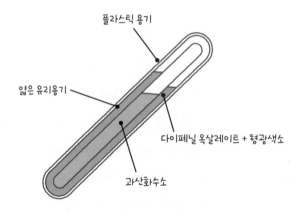

그림 4 • 케미컬 라이트가 빛을 내는 원리

다이페닐 옥살레이트와 형광색소 혼합물에 과산화수소가 섞이면 고에너지로 안정적인 활성 중간체(Dioxetanedione)를 생성한다. 이 활성 중간체가 형광색소를 여기 상태로 끌어올려서 형광색소가 다시 기저 상태로 돌아올 때 형광빛을 낸다.

원이다. 용기를 구부려 안에 들어있는 유리 앰플을 쪼개면 앰플 내외부 액이 혼합되어 화학 발광이 일어난다. 하나의 앰플에는 다이페닐 옥살레이트와 형광색소 혼합물이 들어 있고, 다른 하나에는 과산화수소(농도 약 35%)가 들어 있다. 이 두 가지가 섞이면 형광 염료가 여기 상태에서 기저 상태로 바뀌는데 이때 빛이 방출된다. 빛의 색상은 사용한 염료에 따라 달라진다.

자양강장제나 에너지음료를 마시면 정말 건강해질까?

장시간 일한 후나 피곤할 때, 사람들은 일반적으로 자양강장제를 마신다. 최근에는 에너지음료도 흔히들 마신다. 이 음료들이 몸에 미치는 작용을 알아보자.

자양강장제와 에너지음료의 공통점　　　　자양강장제나 에너지음료는 '피곤할 때'나 '좀 더 힘을 내고 싶을 때' 마시는 음료다. 두 음료에는 카페인, 당질, 아미노산, 비타민 등이 함유되어 있다. 카페인은 각성작용, 일명 졸음을 쫓는 효과가 있다. 당질은 결국 포도당이 되어 흡수되는데, 뇌가 활동하는 데 필요한 유일한 영양소이다. 아미노산은 많은 종류가 있으며 작용도 다양하지만 지구력 향상, 근육통 해소, 피로 감소 등을 기대할 수 있다. 비타민 종류에는 여러 종류가 있는데, 그 작용은 매우 다양하다.

자양강장제는 의약외품, 에너지음료는 청량 음료수　　　　자양강장제나 에너지음료 모두 비슷한 이미지이지만 큰 차이가 있다. 일본에서 자양강장제는 유효 성분이 함유되어 있어 후생노동성이 허가한 **의약외품**이다. 자양 강장이나 영양 보급 등

카페인	각성 작용
당류	뇌의 영양
아미노산	지구력 향상 등
비타민류	비타민 E는 근육의 긴장 해소에 도움이 되고 혈액순환을 촉진 비타민 B1 등은 대사를 보조하고 신경계를 유지 조절

그림 1 • **자양강장제와 에너지음료의 공통 성분**

	자양강장제	에너지음료
	指定医薬部外品 服用に際しては、【使用上の注意】	品名:炭酸飲料 名称:清涼飲料水
종류별	의약외품	탄산음료, 청량음료
표시 광고	효과, 효능의 표시, 광고를 할 수 있다.	효과, 효능의 표시, 광고를 하지 못한다.
판매	청량음료와는 다른 전용 매대	주스나 스포츠음료와 같은 매대
대표적 성분	간 기능을 돕는 타우린	아르기닌

그림 2 • **자양강장제와 에너지음료 차이**

효능·효과를 용기에 기재할 수 있고, 효능과 효과를 텔레비전 등에서 광고할 수도 있다. 당연히 성분 배합량에는 제한이 있고 그것을 표시할 의무가 있다.

반면 에너지음료는 청량 음료수라서 함유하는 유효 성분을 용기에 기재할 수 없고, 자양 강장이나 영양 보급이라는 효능·효과 표시도 할 수 없다. 그 때문에 주스나 스포츠 음료와 같은 범주로 분류되어 같은 매대에서 판매된다. 텔레비전 광고에도 그 효과를 알릴 수 없다.

그림 3 ● 과음하면 중독 우려가 있는 카페인

자양강장제와 에너지음료의 공통 성분인
카페인 효과를 기대하고 과음하면 과다 섭취 등의 위험이 있다.

마시고 나면 건강해진 기분이 들거든.

그림 4 ● 플라세보 효과

타우린 대신 아르기닌을 사용하는
에너지음료

자양강장제의 대표적인 성분인 타우린은 간 기능 회복과 시력, 스트레스, 피로 회복에 도움을 준다. 체내에서 합성할 수 있으므로 그 부족분은 음식으로 섭취하는 것이 좋다. 한 연구에 따르면 하루 약 500 mg 타우린을 섭취하는 것이 적절하다고 하는데 자양강장제에는 500~2,000 mg이 함유되어 있다.

타우린은 의약품, 의약외품에만 허용되기 때문에 에너지음료에는 들어가지 않는다. 그 대신 에너지음료에는 혈관을 넓혀 혈액순환이 잘 되게 만드는 효과가 있다고 알려진 **아르기닌**이 사용된다.

카페인은 자양강장제, 에너지음료 둘 다 공통적으로 많이 사용하는 성분이다. 자양강장제는 카페인 양에 제한이 있지만 에너지음료에는 상한이 없어 다량으로 배합되어 있는 제품도 있다. 매일 차나 커피 등 카페인을 많이 섭취하는 사람은 카페인 과다 섭취에 주의해야 한다.

플라세보 효과로
건강해지는 일도

플라세보는 '효과가 없는 약'이라는 의미로, 라틴어 '기쁘게 하다'라는 단어에서 유래했다. 자양강장제나 에너지음료를 마셨을 때 플라세보 효과placebo effect, 위약 효과가 나타나기도 한다. 피로에 효과가 있을 것 같은 성분과 약 비슷한 냄새와 맛으로 인해 '이것은 효과가 있을 것이다'는 심리적인 믿음이 작용하기 때문이다. 하지만 그 효과는 일시적일 수 있다. 에너지음료에 과도하게 기대기보다는 그 성분과 효능, 폐해에 대해 아는 것이 중요하다.

불꽃놀이에서는
어떻게 여러 가지 색을 표현하는 걸까?

'펑'하는 소리와 함께 밤하늘을 갖가지 색으로 수놓는 불꽃놀이. 그 색을 내는 핵심

은 화약에 들어 있는 금속 원소의 불꽃 반응이다. 하얗게 반짝이는 것은 불꽃 반응

이 아니라 알루미늄 같은 금속 분말이 격렬하게 연소하는 현상이다.

금속 원소의
불꽃 반응
금속 화합물을 불꽃에 넣으면 불꽃의
색이 금속 종류에 따라 변한다. 예컨대 염화나트륨과 수산화나트륨은 나트
륨이라는 금속 원소가 성분이기 때문에 같은 노란색을 띤다. 금속 원소를 불
꽃에 넣었을 때 이런 특유의 색을 나타내는 것을 **불꽃 반응**염색 반응이라고 한
다. 금속 원소는 다음과 같은 불꽃 반응을 보인다.

리튬 Li	나트륨 Na	포타슘(칼륨) K	칼슘 Ca	스트론튬 Sr	바륨 Ba	구리 Cu
진홍색	노란색	진보라색	빨간색	진홍색	황록색	청록색

그림 1 • 다양한 금속 원소의 염색 반응

금속원소 화합물의 수용액을 백금선에 묻혀 불꽃 속에 넣으면 각 원소
색깔을 볼 수 있다. 불꽃 반응이 일어나고 있을 때, 불꽃의 열로 금속 안의

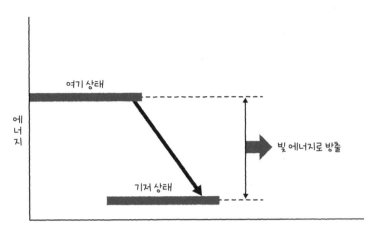

그림 2 • 여기 상태에서 기저 상태로 돌아올 때 에너지를 방출

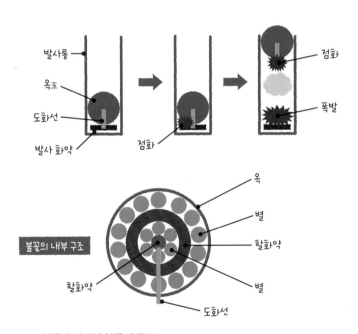

그림 3 • 불꽃의 발사와 불꽃의 구조

빨간색	스트론튬 화합물
녹색	바륨 화합물
노란색	나트륨 화합물
파란색	구리 화합물
희고 반짝반짝 빛나는 색	알루미늄이나 마그네슘 등의 금속 분말

그림 4 • 불꽃 색깔

전자는 에너지가 낮은 상태기저 상태에서 높은 상태여기 상태로 높일 수 있다. 여기 상태는 불안정한 상태이기 때문에 전자는 즉시 에너지가 낮은 상태로 돌아간다. 기저 상태에서 에너지를 받아 어떤 여기 상태가 될지는 원소마다 정해져 있다. 여기 상태에서 원래의 기저 상태로 돌아올 때 여기 상태와 기저 상태의 차이가 빛전자파 에너지가 되어 주위에 방출된다.

여기 상태와 기저 상태의 차이 에너지가 정확히 가시광선 파장의 빛일 때 불꽃 반응을 볼 수 있다. 즉 불꽃에서 받은 에너지를 빛 에너지로 전환할 때, **그 빛이 가시광선이어야 한다**는 것이다. 불꽃 반응을 일으키지 않는 금속 원소는 여기 상태에서 기저 상태로 돌아갈 때 가시광선이 아닌 다른 빛을 나타내기 때문에 색이 보이지 않는다.

불꽃 색은
재료가 결정

불꽃은 종이를 몇 장씩 겹쳐서 바른 공 모양의 **옥**玉 가운데에 작은 구슬 모양의 **별**을 채워 넣고 화약을 사용해 쏘아 올린다. 쏘아 올릴 때는 도화선에 점화하는데 높이 올라가면 도화선에서 옥 내부의 **할화약**에 점화되어 옥이 파열된다. 옥이 파열하면 별이 사방에 흩날리는데 그 흩날리는 방법에 따라 다양한 형태의 불꽃이 만들어진다. 별 바깥쪽은 불이 붙기 쉬운 층으로 되어 있다.

흩날린 별에서는 여러 가지 색깔이 나온다. 별은 화약 덩어리로 그 안에는 화약과 금속원소 화합물과 금속 분말로 채워져 있다. 별이 내는 불꽃 색이나 빛은 주로 불꽃 반응과 금속 분말의 연소에 의한 것이다.

빨간색은 스트론튬 화합물질산스트론튬, 탄산스트론튬 등, 녹색은 질산바륨, 염소산바륨 등에서 나온다. 노란색은 나트륨 화합물, 파란색은 주로 구리 화합물탄산동, 황산동 등에서 나온다. 빨간색, 녹색, 노란색, 파란색 이외의 색은 여러 가지 화합물을 섞으면 나온다. 예를 들어 스트론튬과 구리 화합물을 섞으면 깨끗한 보랏빛 불꽃이 생긴다.

희고 반짝반짝 빛나는 색상은 알루미늄이나 마그네슘 등의 금속 분말을 연소시키면 된다. 옥 속에는 금속 가루와 산화제반응하여 금속에 산소를 강하게 결합시키는 것가 섞여 있어서 반응하면 대량의 열을 내는데, 약 3,000℃의 고온이 되면서 하얗게 빛이 난다.

CD 음질이 레코드 음질보다 못할 수 있을까?

귀가 후 휴식을 취하면서 음악을 즐기는 사람이 많을 것이다. 현대는 CD나 인터넷 방송 등 '디지털 음원'이 주류를 이루지만, 레코드 등 '아날로그 음원' 판매도 부활하고 있다(그림 1). 그 이유를 생각해보자.

CD에 의한
소리 기록의 특징

CD는 소리를 디지털화해 기록한다. 소리의 파형을 극히 짧은 시간 간격으로 잘라내, 0 또는 1의 기호로 대체해 기록(그림 2)하고, 재생은 그 반대로 한다. 정보를 요철로 표면에 기록해 레이저 광선으로 읽을 수 있도록 한 것이 CD이다(그림 3).

올록볼록한 요철의 유무가 0, 1의 정보이므로 녹음할 때의 음질이 재생할 때도 유지된다. 또한 레코드에서 일어나는 스크래치노이즈레코드판과 바늘의 마찰로 생기는 잡음도, 회전이 고르지 못해 생기는 음질의 변화도 없다. 기록하는 음반의 내부 둘레와 바깥 둘레의 회전 속도가 달라서 생기는 음질 변화도 없다.

소리 기록의 특징

레코드는 집음기에 연결된 바늘 끝이 원반에 음을 새긴다. 원반은 알루미늄판에 래커로 코팅한 것을 사용한다. 래

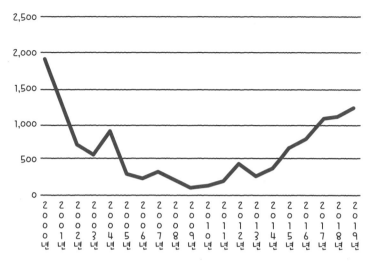

그림 1 • 2000년부터 2019년까지의 아날로그 레코드 생산 수량 추이(단위: 천)

가로축은 연도, 세로축은 생산 수량. 2010년경을 기점으로 수량이 다시 증가한다.

출처: 일본레코드협회(https://www.riaj.or.jp/g/data/annual/ms_n.html)

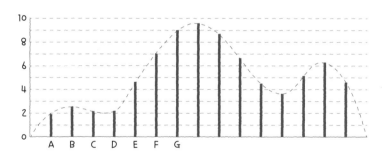

그림 2 • CD음 샘플링

A~G와 같이 일정 간격으로 음의 파형으로부터 진폭 데이터를 추출하고, 그것을 0과 1의 2진수로 바꾼다.

커 표면에 바늘을 대면 소리의 진동이 기록되는 것이다. 소리를 직접 기록하는 것이기 때문에 높은 소리도 낮은 소리도 **원리적으로는 모두 기록**된다. 다만 레코드 마스터판을 만들 때 소음을 줄이기 위해서 저음역과 고음역은 조정한다. 레코드 마스터판에는 고주파인 초음파 영역이 CD보다 약간 많이 기록되어 있기는 하지만 원음 그대로는 아니다. 기록된 소리는 여러 공정을 거쳐 플라스틱 레코드판으로 완성된다. 레코드판 표면을 바늘로 움직여 원래의 소리를 재생한다(그림 4).

어째서 레코드로 회귀하는가

CD에서는 아무래도 **음원 데이터를 샘플링한 뒤 잘라버리는 일**이 생긴다. 그 때문에 음질이 레코드보다 딱딱할 수가 있다. 특히 진동수가 높은 소리는 잘라버리는 부분이 많아진다. 이렇게 싹둑 잘린 소리는 딱딱한 소리가 되어 버릴 수 있다. 최근에는 이 단점을 보완하기 위해 가능한 한 세밀하게 샘플링하여 기록한 **고해상도** 음원도 있다.

한편 레코드는 모든 주파수 소리가 끊김 없이 연속해 기록되어 있다(그림 5). CD에서는 잘릴 부분의 소리가 모두 기록되어 재생되는 것이다. 이런 이유에서 레코드 소리는 부드럽다.

게다가 레코드는 CD에는 없는 특성이 두 가지 있다. 바로 **기기 간의 공진**과 **표면 잡음**이다. 레코드는 바늘로 감지된 음반 표면의 진동이 톤 암tone arm(레코드플레이어의 픽업 카트리지를 받치는 장치—옮긴이)을 통해 앰프에 전달된다. 그 사이에 몇 군데에서 공진이 일어나기 때문에 '좋은 소리'가 난다고 느낄 수 있다. 레코드의 베이스에 항상 있는 표면 잡음은 소리를 듣기 좋게 하는 효과가 있다.

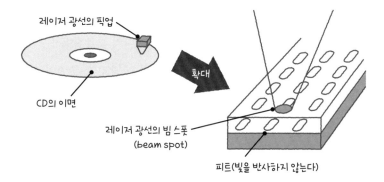

그림 3 • CD 표면과 픽업

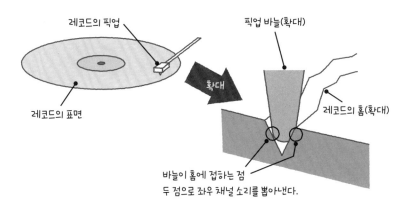

그림 4 • 레코드 표면과 픽업

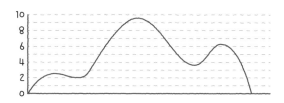

그림 5 • 레코드 소리

그림 2와 같은 파형의 소리를 나타낸다. CD 샘플링은 불연속적이지만 레코드는 연속하는 소리로 끊김이 없다.

디지털 음원이 주류인 오늘날은 대량의 음악 데이터가 인터넷을 흐른다. 그런 가운데 디지털 음원의 딱딱한 소리에 어딘지 부족함을 느끼는 사람들이 부드럽고 따뜻하며 듣기 좋은 소리를 찾아 아날로그 음원인 레코드로 회귀하는 것이다.

35

등유가 휘발유만큼
위험하지 않은 이유는 뭘까?

휘발유는 불이 잘 붙기 때문에 주의해서 취급해야 한다. 등유가 휘발유만큼 위험

하지 않은 것은 인화가 잘되지 않기 때문만은 아니다. 추운 밤에 편리한 석유난로

를 예로 들어 그 차이를 살펴보자.

카트리지식 스토브에서
등유가 쏟아지지 않는 이유 　　카트리지식 석유스토브는 연료탱크
급유구를 아래로 가게 위치시킨다. 하지만 등유가 기름받이 그릇 밖으로 쏟아져 나오지는 않는다. 등유가 기름받이 그릇으로 넘치지 않는 것은 **대기압의 압력** 때문이다. 이는 가정에서도 간단한 실험을 통해 확인할 수 있다. 물이 들어 있는 페트병 입구에 간장 접시를 대고 그대로 거꾸로 세운다. 그러면 물이 조금 나오다가 딱 멈춘다. 숟가락 등으로 간장 접시의 물을 퍼내 페트병 입구보다 수위가 내려가면 물이 나오고 공기가 안으로 들어가면 다시 멈춘다.

휘발유를 잘못 주유하면
어떻게 될까? 　　　　등유 증기압은 물보다 낮지만 **휘발유**
증기압은 높아 약 30℃에서 1기압대기압이 넘는 성분이 함유되어 있다. 그 때

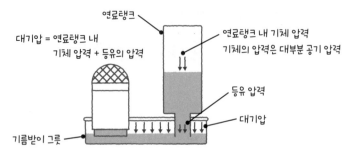

그림 1 • 연료탱크에서 등유가 쏟아지지 않는 이유

연료탱크 안과 밖의 압력이 균형을 이루기 때문에 기름받이 그릇의 등유는 쏟아지지 않는다.

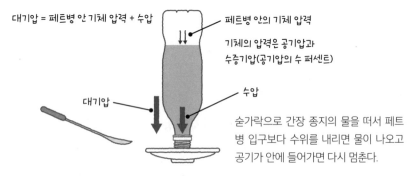

그림 2 • 간장 종지로도 떠받칠 수 있는 페트병의 물

문에 연료탱크 내의 액체 온도가 올라가면 **대기압으로는 지탱하지 못하고 기름받이 그릇으로 흐르게 된다.** 밖으로 휘발유가 누출되면 연소 중인 스토브 불이 인화되어 화재가 발생한다. 이렇게 되면 연료탱크 내 액체 온도는 더 상승하고 휘발유가 점점 넘쳐 화재가 폭발적으로 커진다.

　　NITE일본 제품평가기술기반기구는 실제로 석유스토브와 석유 팬히터에 휘발유를 잘못 넣은 동영상을 유튜브에서 공개하고 있다. 석유스토브 동영상에

대기압 < 연료탱크 내 기체 압력 + 휘발유 압력

연료탱크 내
기체 압력

연료탱크

휘발유 압력

대기압

기름받이 그릇

연료탱크 내 기체 압력은 공기압과 휘발유 증기압이다. 휘발유 증기압은 온도가 올라가면 대기압보다 커진다.

휘발유 성분에 따라서도 달라지지만 액체 온도가 30℃를 넘으면 탱크 내 기체 압력이 커지기 때문에 대기압에서는 휘발유를 지탱할 수 없다.

그림 3 • 휘발유는 온도가 올라가면 넘친다

서는 기름받이 그릇으로 쏟아져 나온 휘발유에 스토브 불이 인화되어 폭발적으로 타올랐다. 반면 석유 팬히터에서는 작동 시의 열로 탱크에서 휘발유가 밖으로 새어 나왔지만, 팬이 회전하고 있었기 때문에 휘발유에 인화하지 않았다. 하지만 전원을 껐다가 다시 켜는 순간 불꽃이 휘발유 증기에 인화되면서 폭발이 일어나 단숨에 석유 팬히터가 불길에 휩싸였다.

-40℃에서도
휘발유는 인화

액체 온도가 낮을 때는 가연성 증기 농도가 낮기 때문에 불꽃을 가까이 대도 타지 않는다. 하지만 액체 온도가 높아지면 증기 농도도 높아져 불꽃을 가까이 대면 타기 시작한다. 이렇게 불꽃을 가까이 대는 것만으로 연소가 시작되는 온도를 **인화점**이라고 한다.

휘발유는 인화점이 −40℃ 이하로 매우 낮기 때문에 **사람이 생활하는 대부분의 장소에서 인화할 위험**이 있다. 휘발유를 취급하는 곳에서는 불, 혹은 불씨를 일으킬 만한 것은 엄격하게 금해야 한다. 정전기에 의한 불꽃도 조심해야 하는 것은 이 때문이다.

액체 온도가 인화점 이하이면 인화하지 않는다.　액체 온도가 인화점 이상이면 인화한다.

그림 4 • 인화의 원리

등유나 휘발유는 표면에서 가연성 증기가 발생하는데, 액체 온도가 높을수록 증기가 많이 발생한다. 증기가 짙어져 불꽃을 가까이 대기만 해도 연소가 시작되는 온도를 인화점이라고 한다.

차내는 50℃ 이상이 되기도 한다.　닫아 둔 방도 위험하다.

그림 5 • 등유도 고온에서는 위험하다

그림 6 • 알코올 소독으로 화상을 입을 수도 있다

소독용으로 사용한 알코올 증기가 옷소매에 남아 불꽃이 인화하며 화상을 입은 사건도 있다.

한편 등유의 인화점은 40~60℃이므로 보통 생활하는 장소에서는 인화의 위험이 낮아 스토브 연료 등으로 사용된다. 하지만 **여름철 등 기온이 높은 날 밀폐된 실내에서는 인화점을 초과하는 일도 있으므로 주의가 필요하다.**

소독용 알코올도 인화점이 20℃ 내외로 낮아 타기 쉬우므로 주의해야 한다. 특히 손 등을 소독하기 위해 안개 상태로 분무했을 때는 화기 사용을 엄금해야 한다. 소독에 사용한 알코올 증기가 옷 소매에 남아 불꽃이 인화하는 사고도 일어난다.

36 폴리곤은 왜 삼각형의 조합으로 표현될까?

게임을 하다 밤샘해본 사람도 있을 것이다. 게임의 입체 구조는 다면체(폴리곤 polygon)로 표현된다. CG의 기반이기도 한 폴리곤은 삼각형으로 구성할 수 있는데 그 이유가 어디에 있는지 생각해보자.

본다는 것은 디지털?

우리는 평면 상像을 보면서 산다. 상은 눈의 망막에 맺힌다. 그 상을 점점 세밀하게 나눠보면 어떤 기본 단위의 크기가 될 것이다. 망막이라고 해도 관측 소자인 **시세포 크기**가 분해의 한계이다. 한편 컴퓨터 화면에는 **픽셀**이라고 불리는 최소 기본 단위가 있다. 대부분 최소 기본 단위는 네모난 모양을 하고 있다. 그럼 입체 같은 경우는 어떻게 될까? 표면에 우툴두툴한 입체 곡면을 그리지 않을까 생각한다. 그렇지만 '본다'라고 하는 것은 역시 유한한 크기면적로 분해해야 하는 제약이 있다. 즉 '디지털 표시'라고 생각할 수 있다.

정다면체의 과학, 오일러의 다면체 정리

먼저 입체 분할의 기반으로 정다면체를 생각해보자. 정4면체, 정6면체(주사위), 정8면체, 정12면체, 정20면체가

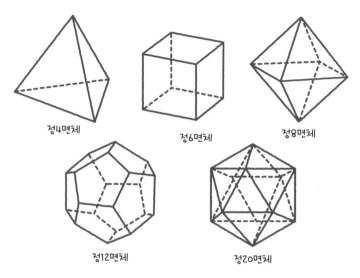

그림 1 • 여러 가지 정다면체

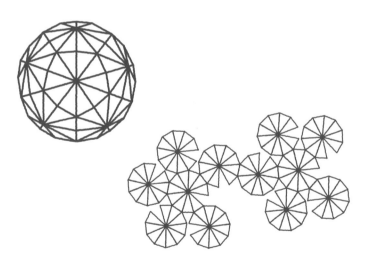

그림 2 • 육방 20면체와 그 전개도

그림 1의 정12면체를 구성하고 있는 12개의 정5각형이 각각 삼각형 10개로 분할되어 있다. 삼각형 120개로 구면을 구성했다고도 할 수 있다.

참고: 히토츠마츠 신, 『정다면체를 풀다正多面体を解く』(도카이대학출판회, 2002년)

아름답다고 느낀 사람도 많을 것이다. 그림 1에 정다면체 예를 들었다.

여기서 파생된 다면체 구조를 생각할 수 있다. 예로 그림 2는 육방 20면체와 그 전개도이다. 이와 같은 다면체 관계에서의 정점, 변 및 면의 수에 대해 다음과 같은 정리(오일러의 다면체 정리)가 있다.

(정점의 수) − (변의 수) + (면의 수) = 2

예컨대 그림 1의 오른쪽 상단에 있는 정8면체는 정점이 6개이고, 변이 12개, 면이 8개이므로 6 − 12 + 8 = 2가 성립한다. 이 유명한 정리는 '제대로 면을 만들어 입체 구조를 해석하는 것이 중요하다'는 것을 나타낸다. 수학적으로는 다양한 구조가 있어서 보편적인 방법이라고 단언하기는 어렵지만 실제 문제에서는 입체구조체를 표기할 때 다면체로 재분할하는 것이 매우 중요하다. 이러한 표현 방법을 **폴리곤 모델**(혹은 **폴리곤 메시**polygon mesh)이라고 한다. 이것은 **복잡한 곡면을 디지털로 표시하는 범용성 있는 방법**이다.

삼각형 집합이
기본

삼각형은 폴리곤 모델 중에서도 가장 단순한 기초 구성단위다. 세 점을 정하면 일의적으로 평면이 정해지기 때문이다. 부풀어 오르거나 찌그러진 곳이 없는 것이 중요하다. 이러한 단순성 때문에 컴퓨터 알고리즘이 간소해져 결과적으로 용량과 전력, 계산시간 등의 계산기 자원의 부담을 줄일 수 있다.

실제로 CG Computer Graphics에서는 이 **삼각형 메시 모델**이 주류를 이루고 있다. 삼각형 메시 모델에서는 보다 정밀하게 표현하기 위해 기초구성 단

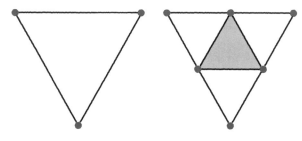

그림 3 • 삼각형을 세밀하게 나누는 방법

삼각형 각 변의 중점을 묶어 새로운 삼각형을 만들면 4개의 삼각형이 생긴다. 즉 4배의 삼각형으로 표시되어 쉽게 정밀화할 수 있다. 알고리즘으로도 단순명쾌하다.

그림 4 • 메시 세분화에 따른 정확도 차이

삼각형 집합으로 표현된 토끼 모델. 삼각형 수는 왼쪽이 1만 개, 오른쪽이 1,000개이다.

출처: 미타니 준, 〈폴리곤 모델의 데이터 구조와 위상 조작〉

위의 삼각형을 세밀하게 나누는 방법도 체계적으로 결정한다. **그림 3**은 그 전형적인 예이다. 이는 알고리즘의 원형이기도 하다. 메시 세분화 효과는 그림 4에서 구체적으로 나타난다. 오른쪽의 울퉁불퉁한 토끼를 10배로 세분화하면 왼쪽 토끼처럼 상당히 매끄러워진다는 것을 알 수 있다.

왜 스마트폰은 뜨거워질까?

깜깜한 밤중까지 스마트폰으로 영화를 보다 보면 스마트폰이 매우 뜨거워지는 경우

가 있다. 왜 그렇게 뜨거워지는 걸까? 발열의 원인을 알아보자.

핸드폰 내부는
어떻게 돼 있을까?

스마트폰 내부는 어떻게 구성되어 있

을까? 대표적인 기종으로 애플 'iPhone 11'을 예로 살펴보자(그림1). 스마트

폰 제조업체와 기종에 따라 약간의 차이는 있지만, 내부 구성은 기본적으로

크게 다르지 않다.

본체 부피의 70~80% 정도를 차지하는 것은 내장되어 있는 **배터리리튬**

이온 충전지이다. 그 옆에 작은 부품들이 많이 모여 있는 것을 **로직 보드**라고 부

른다. 컴퓨터로 치면 CPU나 GPU 등에 해당한다. 로직 보드는 다양한 디지

털 정보를 처리하는 기능이 집약된 심장부라 할 수 있다. 그 옆에는 스마트

폰 각각의 전화번호 등(유저 정보)을 보관·유지하는 **SIM 카드** 슬롯이 있다.

배터리 위아래에 있는 사각형은 **메모리**로 플래시 메모리 등 반도체 메모리

가 정보를 기억한다. 본체 상단부 쪽에 있는 2~3개의 원형 부품은 **카메라 렌**

즈 부분과 반도체 이미지 센서이다. 이 그림에는 보이지 않지만, 거의 전면에

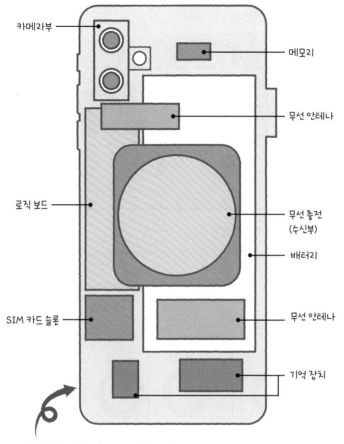

카메라부

메모리

무선 안테나

로직 보드

무선 충전
(수신부)

배터리

SIM 카드 슬롯

무선 안테나

기억 장치

전면에 터치 센서가 있는 디스플레이 패널

그림 1 • **스마트폰 내부**

터치 센서가 달린 **디스플레이 패널**유리제이 있다.

　그럼 열을 내는, 즉 뜨거워지는 부분은 스마트폰의 어디일까? 스마트
폰 사용 시 가장 열이 나는 곳은 CPU가 있는 **로직 보드**이다. 컴퓨터에서는
CPU 발열을 히트 파이프로 이동시켜 방열판이나 냉각 팬을 이용해 공기 중

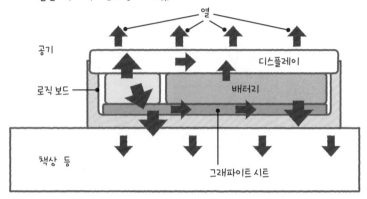

그림 2 • 스마트폰의 열을 배출하는 방법

팬이나 방열판 등은 사용할 수 없기 때문에 본체 전체에 열을 가라앉히고, 공기 중이나 책상 등에 놓고 열을 배출한다.

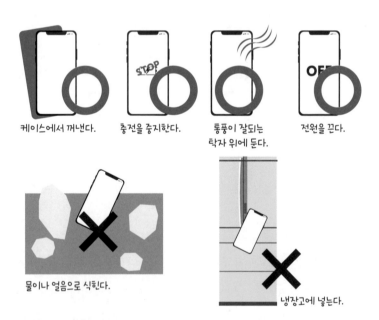

그림 3 • 뜨거워진 스마트폰을 식히는 방법

에 배출하지만, 얇고 작은 스마트폰은 그렇게 되어 있지 않다.

스마트폰은 열전도성이 높은 그래파이트 시트 등을 이용해 로직 보드 열을 본체 전체에 퍼지도록 전한 다음 내부에서 발생한 열을 밖(책상이나 공기 중에)으로 배출한다(그림 2).

그 외에 스토리지와 무선 안테나, 디스플레이 등도 열을 내지만, 특히 조심해야 할 것이 배터리의 발열이다. 리튬이온 충전지는 방전시 사용보다 전기를 모으는 **충전 시에 온도가 올라간다.** 가장 면적이 큰 배터리가 뜨거워지면 로직 보드 열이 밖으로 빠져나가지 않을 뿐 아니라 배터리 자체도 손상돼 수명을 단축시킨다.

뜨거워진 핸드폰
식히는 법?

스마트폰이 너무 뜨거워지면 안전 기능이 작동하여 온도를 낮추려고 한다. CPU나 메모리의 전력 소비를 억제하고, 처리 능력을 일시적으로 떨어뜨리는 것이다. 동작이 느려지거나 잘 열리지 않으면 온도 상승 신호이다.

이렇게 되면 우선 **게임이나 통신을 멈추고 충전도 정지**해야 한다. 가능하면 전원을 끄고 통풍이 잘되는 탁상 등에 스마트폰을 가만히 두는 것이 좋다. 플라스틱 스마트폰 케이스는 열이 잘 전달되지 않기 때문에 스마트폰 케이스를 분리해야 냉각 효과가 높아진다.

다만 스마트폰이 뜨겁다고 해서 냉장고나 냉동고에 넣어 차게 만들거나 방수 기능이 있다 해도 물속에 넣는 것은 위험하다. 결로나 온도 변화에 의해 물이 내부로 들어가 합선이 될 수도 있으므로 절대로 하지 말자(**그림 3**).

변화구는
왜 휘는 걸까?

프로야구 야간 경기를 기대하는 사람이 많을 것이다. 프로야구 경기 등에서는 투수가 변화구로 타자를 잡아내는 장면이 있다. 변화구가 왜 휘는지 생각해보자.

회전과 마찰이 만들어내는 변화구

타자들이 치기가 까다로운 변화구는 애니메이션이나 만화 같은 픽션의 세계뿐만 아니라 현실 세계에서도 볼 수 있다. 특히 상대편을 현혹하는 변화구를 '마구魔球'라고 부르는데, 이는 투수가 공을 던질 때 회전스핀을 가함으로써 공의 궤도를 변화시켰기 때문이다.

공을 회전시키면 어떤 효과가 나오게 될까. 그림 1과 같이 공을 바로 옆에서 보았을 때, 공의 진행 방향이 시계방향으로 회전하는 경우를 보자. 공중을 나는 공은 그 표면과 공기 사이에 마찰이 발생한다. 이 마찰의 크기는 공의 표면과 접하는 공기의 속도에 따라 달라진다.

그림 1과 같이 회전하는 공의 위쪽과 아래쪽은 공기의 속도 차이가 나기 때문에 마찰 크기도 다르다. 공의 위쪽에서는 마찰이 작고, 아래쪽에서는 마찰이 커진다. 마찰이 커지면 공기의 흐름이 흐트러져 공의 표면을 따라 흐르던 공기의 흐름이 공에서 비켜나듯 흘러간다.

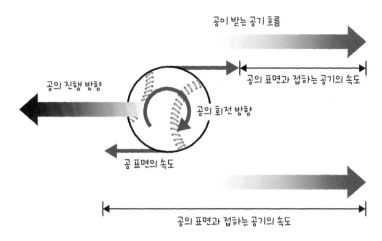

그림 1 • **공에서의 공기 흐름**

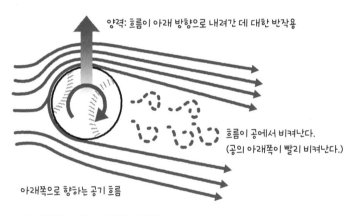

그림 2 • **공의 회전과 주위 공기 흐름의 관계**

공기의 흐름은 마찰이 큰 공의 아래쪽에서 빨리 비켜나기 때문에 흐름이 상하 비대칭이 된다. 이에 따라 공 뒤쪽의 흐름은 아래 방향으로 구부러진다. 공기의 흐름이 아래로 내려갔다는 것은 이와는 반대 방향의 힘을 받은

실제 변화구의 궤도. 공이 회전하면서
붉은 솔기 위치가 변한다.

붉은 솔기가 '항상 공의 중심에 있다'는 착
시가 일어날 때의 변화구 궤도(실선). 점선
은 실제 궤도(왼쪽 그림과 같은 궤도)다.

그림 3 • 붉은 솔기가 타자를 착각하게 한다?

타자는 흰 공 전체와 붉은 솔기(그림으로는 파란색)를 따로따로 보았을 가능성이 있다. 그러면 본
것을 뇌에서 통합해서 재현할 때, 공에 대한 솔기의 위치를 같은 위치로 무심코 보정해 버리기 때문
에 실제보다 공이 휘어 보일 수 있다.

것이어서(작용반작용의 법칙) 공이 위를 향해 휘는 것이다(그림 2).

이렇게 흐름 속을 회전하면서 나아가는 물체에 흐름과 회전축 양쪽에 수
직으로 힘이 작용하는 현상을 마그누스 효과라고 부른다. 최초의 발견자인
독일의 물리학자 하인리히 마그누스Heinrich Magnus의 이름을 딴 것이다. 마
그누스는 회전하면서 날아가는 포탄의 궤도를 연구하다가 마그누스 효과를
발견했다.

마구는
뇌가 보여주는 환각?

변화구에 대한 물리적 해설은 이것이 전부이지만 헛스윙 삼진을 당한 타자는 종종 공이 손에서 갑자기 변화했다고 말한다. 물리학으로는 설명할 수 없는 이 상황은 대체 어떻게 된 일일까?

이에 대한 하나의 가설이 최근 신경과학 분야에서 발표되었다. 그것 또한 **공의 회전**이 키포인트이다. 우리가 물체의 움직임을 볼 때 어떻게 뇌가 그것을 인지하는가 하는 문제와 관련이 깊다.

야구공의 표면에는 아름다운 곡선으로 박음질된 **붉은 솔기실밥**가 있다. 투수가 변화구를 던질 때는 그 붉은 솔기를 잡고 교묘하게 공을 회전시킨다. 타자가 볼 때, 이 붉은 솔기는 회전하면서 날아오는 하얀 공 전체 속에서 위치를 바꾸면서 다가온다.

우리의 뇌는 물체 어느 한 점을 보는 것과 주변을 보는 것을 동시에 처리하는 것은 아니다. 투수가 던진 공이 포수 미트에 닿을 때까지의 짧은 시간에 뇌는 '회전하는 붉은 솔기의 위치'와 '흰 공 전체의 위치'를 인식한다. 이 약간의 시차가 **착시** 같은 상황을 만들어낼 가능성이 있다. 마구는 우리 뇌의 기능이 보여주는 착각환각일지도 모른다.

소리는 왜 낮보다
밤에 잘 들릴까?

소리가 낮보다 밤에 더 멀리까지 잘 들리는 경험을 해본 적이 있을 것이다. 낮에는

소음 때문에 듣기 어려웠던 소리가 조용한 밤에 잘 들리는 이유만은 아니다.

소리는 온도 차가 있는 곳에서
굴절
소리는 전하는 매체가 진동하면 **파동**
이 되어 전해진다. 그 전해지는 방식이 일반적으로 파동으로 인식되는 **횡파**
와는 달리, 소리는 매체의 압축과 팽창이 반복되어 나타나는 **종파**로 전해진
다. 종파를 스프링의 진동에 비유하면 **그림1**과 같다.

매체가 공기일 경우 기온이 높을수록 공기 분자가 더 심하게 움직이기
때문에 옆 분자에게 파동을 전달하는 속도가 빨라진다. 반대로 기온이 낮으
면 옆 분자에게 전달하는 속도가 늦어진다. 기온이 24℃ 일 때 약 340 m/초
가 되고, 기온이 1도 내려가면 음속은 0.6 m/초 늦어진다. 공기가 소리를 전
달하기 때문에 바람 위보다 바람 아래쪽이 잘 전달된다.

소리가 전달되는 방법은 지표면 높이에 따른 온도 분포에 따라 달라진
다. 온도 차가 있는 곳에서는 그 경계선에서 음속이 변화하여 **소리의 굴절**이
일어난다. 물이나 유리와 공기의 경계선에서 빛이 굴절되는 것과 같은 현상

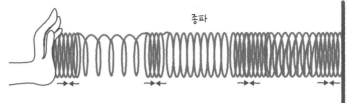

소리는 차례대로 밀고 당기기를 반복하는 종파를 통해 전달된다.

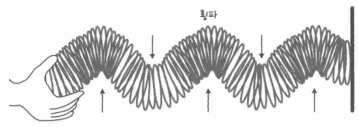

수면의 파동은 횡파로 전해진다.

그림 1 • 소리가 전달되는 방식

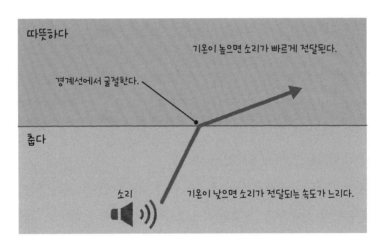

그림 2 • 소리의 굴절

이다. 아래쪽 기온이 낮고, 상공의 기온이 높은 층이 있으면 **그림 2**와 같은 방향으로 구부러진다.

낮에 소리가
전달되는 방법

맑은 낮에는 태양광에 의해 지표가 따뜻해지기 때문에 상공으로 갈수록 기온이 낮아진다. 그 결과 지표 가까이에 있는 음속이 상공의 음속보다 빨라지게 된다. 상공으로 올라갈수록 온도가 낮아지면 소리는 **그림 3**의 위와 같이 온도가 낮은 위쪽으로 구부러져 버린다. 처음에는 완만한 굴절을 보이지만 점점 각도가 가팔라지면 **소리는 상공으로 도망치게 된다**. 그 때문에 낮의 소리는 멀리까지 가지 못하는 것이다.

밤에 소리가
전달되는 방법

화창한 날의 기온은 오후 2시경에 정점을 찍는다. 그 후에는 서서히 내려가다 밤에는 **복사 냉각**에 의해 지표 가까이에 있는 온도가 내려간다. 복사 냉각이란 **낮에 데워진 지표면에서 적외선이 복사되어 온도가 내려가는 현상**을 말한다. 적외선은 사람 눈에 보이지 않는 파장의 빛으로 데워진 땅에서 우주 공간을 향해 복사된다. 즉 구름 없는 화창한 날에는 밤에 쌀쌀해지는 것이다.

복사 냉각으로 지표 부근이 저온이 되면 낮과는 반대로 상공으로 올라갈수록 온도가 높아진다. 그 결과 지표면 부근의 음속이 느려지고 상공에서는 빨라지기 때문에 소리는 **그림 3**의 아래와 같이 아래 방향으로 구부러진다. 서서히 완만하게 굴절되어 상공을 향하던 소리는 반대로 지표면을 향해 내려온다. 그 때문에 산 너머까지 소리가 전달되기도 하고 음원 근처보다 오

그림 3 • 낮과 밤의 소리 전달 방법 차이

히려 조금 더 떨어진 곳에서 소리가 잘 들리기도 한다. 흐릴 때는 복사된 적외선을 구름이 흡수하기 때문에 복사 냉각이 잘 일어나지 않고, 지표면 부근과 상공의 온도 차가 잘 생기지 않는다. 그 때문에 맑은 날 밤에 비해 멀리 떨어져 있는 소리가 잘 들리지 않는다.

계절로 비교하면 여름보다 공기가 맑고 복사 냉각이 일어나기 쉬운 겨울에 소리가 멀리까지 간다. 즉 소리는 바람 위보다 바람 아래, 낮보다 밤에, 여름보다 겨울에 더 멀리까지 들린다.

물로 굽는
조리기구 구조는?

워터 오븐은 '맛있는 저녁밥'을 지을 때 편리하다. '물에 굽는다'는 워터 오븐(전자

회사 샤프가 최초로 '헬시오ᄒᆞ르ᄉᆡ오'를 판매)은 300℃가 넘는 과열 수증기로 조리

하는 기구이다. 어떠한 구조로 되어 있는지 알아보자.

과열 수증기란
어떤 수증기?
물은 우리가 생활하는 온도 범위에서

고체, 액체, 기체의 세 가지 상태를 보이는 물질이다.

물은 1기압에서 융점융점은 0℃, 끓는점은 100℃이다. 얼음을 가열하
면 0℃에서 녹아 물이 되고 100℃에서 끓어 수증기가 된다. 물 역시도 0℃
일 때도 30℃일 때도 90℃일 때도 수면에서 휘발해 수증기가 된다(반대로
수증기에서 물이 되기도 한다).

끓는 물에서 나오는 수증기는 100℃이지만, 그 수증기를 더 가열하면
온도가 상승한 수증기가 된다. 수증기는 100℃가 아니라 200℃, 300℃를
넘는 높은 온도가 된다. 이것을 **과열 수증기**라고 한다. 뜨겁고 건조한 느낌
의 수증기이다.

과열 수증기를 성냥에 대면 불이 붙고 종이도 눌어붙을 수 있다. 수증
기로 젖는 것이 아니라 타는 것이다. 수증기는 최고 100℃가 아니라 300℃

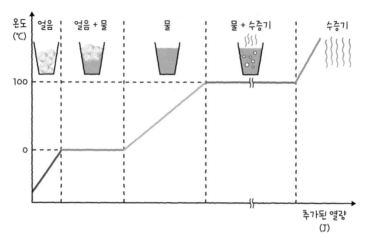

그림 1 • 물의 상태 변화

를 넘는 경우도 있다. 일상생활 속에서 우리가 100°C가 넘는 수증기를 느낄 만한 곳은 없다. 그래서 '물에는 젖기 쉽다'거나 '수증기는 기껏해야 100°C까지'라는 이미지를 가지고 있을지도 모른다. 하지만 사실 중학교 과학 교과서에는 **고온 수증기**가 나온다. 화력발전소 및 원자력 발전소에서는 물을 가열하여 '고온 고압의 수증기'로 만든다. 이 고온 고압의 수증기로 터빈을 돌려 발전기를 움직인다.

과열 수증기로 조리하는
워터 오븐

워터 오븐은 음식물에 300°C가 넘는 과열 수증기를 쬐여서 조리한다. 원래 과열 수증기로 조리하는 워터 오븐은 업무용으로 쓰였지만, 가정용으로 소형화하여 판매하게 된 것이다. 300°C 가 넘는 온도를 상상하기 위해서 기름에 음식을 튀길 경우 온도를 생각해보

자. 튀김 조리온도는 200℃ 내외이다. 200℃를 넘어 계속 가열하면 250℃에서 기름이 분해되어 연기가 나기 시작하고 360~380℃에서 발화점이 되어 기름이 타오른다. 즉, **300℃를 초과한 과열 수증기는 튀김을 튀기는 온도를 훨씬 넘어 기름의 발화점에 가깝다.**

음식물에 닿은 과열 수증기는 음식물을 데우고 스스로는 식어서 액체의 물로 돌아가 음식물의 표면에서 결로한다. 하지만 음식물의 온도가 100℃가 넘으면 아무리 과열 수증기를 쐬어도 더 이상 결로하지 않고 음식물이 품고 있는 물을 과열 수증기의 열이 튀겨버린다. 과열 수증기로 음식물이 젖은 상태가 되기는커녕 바삭하게 구워지는 것이다. 또한 조리기 내의 공기를 내쫓기 때문에 처음에는 공기 중에 21%였던 산소가 확 줄어든다. 저

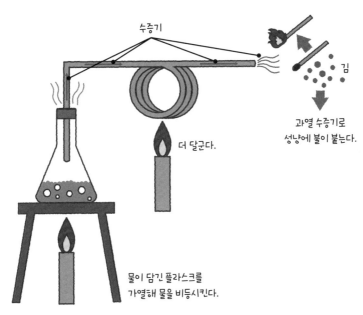

그림 2 • 성냥에 불을 붙이고 종이를 태우는 과열 수증기

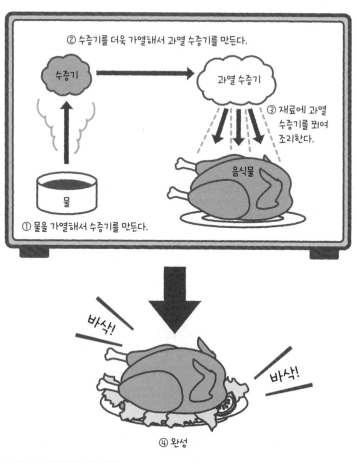

그림 3 • 워터 오븐의 구조

산소 상태에서는 음식물 성분이 잘 산화되지 않기 때문에 비타민 등 산화에
약한 성분이 그대로 보존된다.

맨 처음에 판매된 워터 오븐은 과열 수증기만을 이용했지만 이후에 판
매된 것은 과열 수증기를 이용하는 데 그치지 않고 마이크로파의 병용, 히터
의 병용, 마이크로파와 히터의 병용 등 다양한 가열 방식을 결합했다.

걸으면
달이 따라오는 이유는?

아름다운 보름달이 뜬 밤에는 걸어가면서 봐도, 차창으로 봐도, 달이 '따라오는'
것처럼 보인다. 왜 달이 따라오는 것처럼 보이는 걸까? 그 이유를 알아보자.

시야가 넓으면 멀리 있는 것이
오랫동안 보인다
우리가 사물을 볼 때 **시야**라는 것이
있다. 시야는 사물을 보는 범위를 말한다. 가까이에 있는 것은 커 보이지만
좁은 범위밖에 보이지 않는다. 멀리 있는 것은 작아 보이지만 넓은 범위가
보인다.

시험 삼아 '가까이 보이는 나무'와 '약간 먼, 나무보다 큰 건물', '훨씬 멀
게 보이는 산'을 비교해 보자(그림1). 가까이에 있는 나무는 커 보이지만, 자신
이 이동하면 바로 시야에서 사라진다. 나무가 보이지 않게 되면서 이동했다
는 것을 알 수 있다. 반면 먼 곳의 건물이나 산은 당연히 나무보다 실제로는
크지만 나무보다 작아 보이고 상당히 이동해야 시야에서 사라진다. 그 때문
에 주변 경관은 움직이는데도 산이나 건물은 움직이지 않는 것처럼 보인다.

이처럼 **다소 이동해도 먼 곳에 있는 것은 오랫동안 보인다**. 하지만 산이
따라온다고는 말하지 않는다.

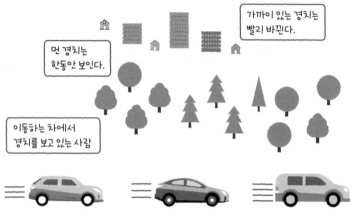

그림 1 • '가까이는 좁고', '멀리는 넓어' 보인다

따라온다는 것은
어떤 것을 말하는 걸까?

그러면 따라온다는 것은 어떤 상태일까? 우리가 사물을 보고 있을 때, 이동해도 시야 안에 들어와 있으면 '따라오고 있다'고 느낀다. 예를 들어 고속도로를 시속 100 km로 달리고 있다고 하자. 옆에는 같은 속도로 달리고 있는 자동차가 있다. 이때 옆의 차가 자신의 차를 따라오고 있는 것처럼 느껴진다. 상대의 차는 항상 시야 속에 있어 보이는 모습도 변하지 않는다. 주위의 경치가 움직여도 옆의 차는 정말로 '따라오고 있다'고 느끼는 것이다(그림 2).

그럼 달은 어떨까? 달은 지구에서 약 38만 km나 떨어진 우주에 있다. 게다가 지름이 지구의 약 1/4이나 되는 거대한 천체이다(그림 3). 달은 하늘에 떠 있기 때문에 눈에 잘 띈다. 사람의 눈으로 직접 관찰할 수 있을 정도의 밝기이다. 특히 보름달이 떴을 때는 같은 방향과 고도에서 계속 보인다. 이동해도 달이 계속 시야에 들어와 있기 때문에 보이는 것이다.

경치는 변하더라도 옆 차는
항상 따라오는 상태

옆 차

고속도로를 달리는 내 차

그림 2 • 고속도로에서 옆을 '따라오는' 차는 항상 시야 속에 있다

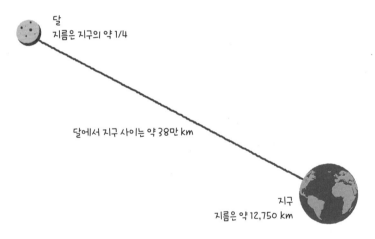

달
지름은 지구의 약 1/4

달에서 지구 사이는 약 38만 km

지구
지름은 약 12,750 km

그림 3 • 달과 지구의 관계

예를 들어 시속 40 km로 달리는 차로 20분 정도 이동하면 이동 거리는
13 km 정도이지만 그 정도로는 보름달의 모습이 달라 보이지 않는다. 주변
경관이 바뀌어도 같은 위치에 계속 같은 크기로 달이 보이는 것이다. 그 때

그림 4 • 따라오는 달

근처의 경치가 바뀌어도 같은 크기로 같은 위치에서 보이는 달

문에 보고 있는 우리는 달이 따라오고 있는 것처럼 느낀다(**그림 4**).

　즉 너무나 멀리 있는 달은 다소 이동해도 보이는 모습이 변하지 않기 때문에 **따라오는 것처럼 보이는 착각**을 하게 되는 것이다. 달은 예로부터 '달님'이라 의인화하여 부르고, '상냥함의 상징'처럼 취급해왔다. 그 심리적인 작용도 '따라오고 있다'라는 표현과 관련이 있다고 생각한다. 거대한 천체인 태양도 보기에는 크기가 달과 거의 같다. 거기다 아득히 먼 곳에 있는 천체이므로 같은 이유로 '따라온다'라고 표현해도 좋을 듯하다. 하지만 태양은 너무 눈이 부셔서 직접 보기가 어렵다. 그 때문에 해는 달처럼 따라온다고 말하는 일은 거의 없다.

42 광원이 없는데도 장시간 발광하는 시계의 문자판 구조는?

아날로그 시계의 바늘과 문자판은 깜깜한 방안처럼 광원이 없는 곳에서도 반짝인다. 광원 없이도 어떻게 장시간 빛을 내는지 그 이유를 생각해보자.

광원 없이도 빛을 내는 비상구 유도등

요즘에는 붙여 두기만 해도, 어두워지면 빛을 밝히는 비상구 유도등을 극장이나 수족관 등에서 볼 수 있다. 비상구 유도등은 얇은데다 전원도 없다. 아날로그 시계의 문자판(**그림 1**)과 같이 빛을 저축해 장시간 발광하는 **축광(야광)** 방식을 이용하기 때문이다. 축광은 형광 잉크 등의 **형광**을 장시간 발산하는 방식이다.

형광 잉크는 왜 빛이 나지?

먼저 형광 구조부터 살펴보자. 형광펜 잉크는 자외선 등 에너지가 높은 빛을 비추었을 때, 매우 선명한 연두색이나 주황색 등의 빛을 발한다(**그림 2**). 그 구조는 다음과 같다. 형광물질이 에너지를 흡수하면 여기 상태(활성화 상태)가 된다. 그것이 기저 상태(원 상태)로 돌아올 때, 두 상태의 에너지 차이 대부분을 빛으로 방출한다(**그림 3**). 형

그림 1 • 야광 도료

시계의 문자판

그림 2 • 형광 잉크

자외선을 비추면 빛이 나는 형광 잉크(가
시광선으로는 보이지 않는 타입)

사진: 주식회사 SO-KEN
(http://www.trickprint.com)

광 잉크는 빛이 닿았을 때만 빛나지만, 축광 물질인 **야광 도료**는 광원이 없
어도 일정 시간 동안 빛을 계속 낸다.

안전한 축광형 야광 도료
개발 과정

형광물질은 빛을 받아 여기 상태가 되
어도 바로 기저 상태로 돌아간다. 그래서 미국에서는 에너지를 계속 내는 **방
사성 물질인 라듐**을 이용하여 장시간 형광을 내는 야광 도료를 1900년대 초
부터 사용하기 시작했다. 방사능 위험이 알려져 있지 않았던 당시에는 많은
작업자가 암을 앓았으나 시계 이용자에게는 피해가 없었다. 라듐이 발생하

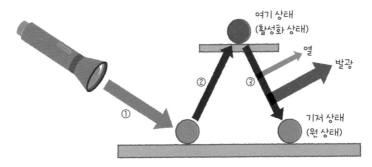

그림 3 • 형광 발색 메커니즘

① 자외선이 형광물질에 닿아 에너지를 얻는다.
② 형광물질이 활성화 상태가 된다.
③ 원 상태로 돌아올 때 빛과 열로 에너지를 방출한다(발광).

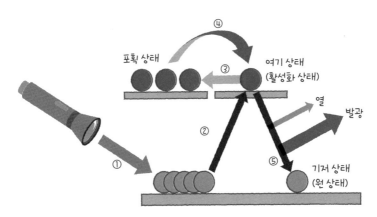

그림 4 • 축광형 형광물질(장기 잔광성) 발광 메커니즘

① 자외선이 형광물질에 닿아 에너지를 얻는다.
② 형광물질이 활성화 상태가 된다.
③ 활성화 상태의 물질이 포획 상태로 이동한다.
④ 포획 상태의 물질이 적절한 순간에 조금씩 여기 상태로 이동하고 연속적으로 ⑤의 상태가 된다.
⑤ 물질이 기저 상태로 돌아갈 때 발광한다.
※ ④에서 적절한 순간에 돌아오는 것은 '디스프로슘'이라고 하는 희토류 원소의 작용이다.

는 방사선을 유리로 쉽게 차폐할 수 있었기 때문이다.

이후 안전성을 고려해 라듐보다 방사능이 약한 **프로메튬**을 이용한 야광 도료가 일본에서 개발돼 1962년부터 사용되었다. 방사능을 이용하지 않는 야광 도료에는 빛이 닿으면 잠시 형광을 발하는 **황화아연**을 이용했지만 1970년대부터 구리 등을 더 추가해서 **장기 잔광성 황화아연 축광 안료GSS**를 개발했다. 하지만 이것만으로는 발광 시간이 짧고 내광성도 부족했다.

1993년 현재는 전 세계에서 이용하고 있는 축광형 야광 도료 N 야광루미노바이 개발되었다. 장기 잔광성 황화아연 축광 안료보다 10배나 밝고, 발광하는 시간도 10배나 늘었다. 축광형 야광 도료 N 야광은 아르민산의 소금에 희토류rare earth 원소인 유로퓸, 디스프로슘을 더해 개발한 물질이다.

축광형 야광 도료가
장시간 빛나는 구조

축광형 야광 도료 N 야광이 장시간 발광을 계속할 수 있는 것은 고에너지인 여기 상태로 장시간 유지할 수 있기 때문이다. 루미노바의 발광 구조는 **그림 4**와 같다. 자외선 등의 빛으로 인해 형광물질이 여기 상태(활성화 상태)가 되면 일단 **포획 상태**로 이동한다. 그것이 조금씩 여기 상태로 이동했다가 기저 상태(원 상태)로 돌아올 때 발광하는 것이다. 여기에는 유로퓸과 디스프로슘이 관여한다.

야광 도료 색에는 녹색 계통이 많다. 그런데 최근에는 청색 계통뿐만 아니라 발색이 약하고 잔광 시간이 짧긴 하지만 오렌지색도 개발되었다.

화창한 밤 새벽에는 왜 추운 걸까?

맑은 밤에는 아침이 되어 해가 떠오를 때까지 계속 기온이 내려간다. 그래서 새벽 시간이 가장 춥다. 여기서는 왜 그런지를 생각해보자.

태양이 복사한 에너지를 받는 지구

"내일은 맑겠으나 이른 아침에는 추위가 매서울 것이다"라는 내용의 일기예보를 기상 캐스터가 전하는 경우가 있다. 맑은 겨울철 밤에는 기온이 내려간다. 지표면에서 열이 방출되어 온도가 내려가는 **복사 냉각**이라는 현상이 일어나기 때문이다. 물체로부터 에너지가 전자파 형태로 방출되는 것을 **복사**라고 한다. 절대 영도가 아닌 한 모든 물체는 방사를 통해 열을 방출한다. 방사는 열의 이동 중 하나로, 우주 공간과 같은 거의 아무것도 없는 곳에서 열이 이동할 수 있는 유일한 방법이다.

지구를 온난한 환경으로 만들고 있는 에너지원은 태양이다. 태양 에너지는 방사에 의해서 우주 공간에 전해진다. 지구에 도달하는 에너지는 태양이 방사하는 에너지의 극히 일부이지만, 그 에너지가 지구를 따뜻하게 만들고 지구 위에서 일어나는 해양과 대기의 운동뿐 아니라 사람의 생명 활동에 사용되는 에너지의 근원이 된다.

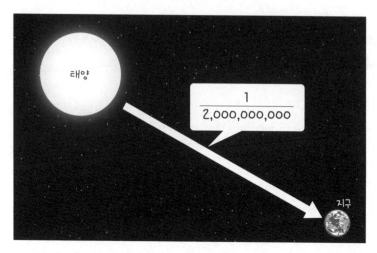

그림 1 • 지구의 어머니인 태양

태양이 복사하는 전체 에너지의 20억분의 1 정도가 지구에 도달한다.

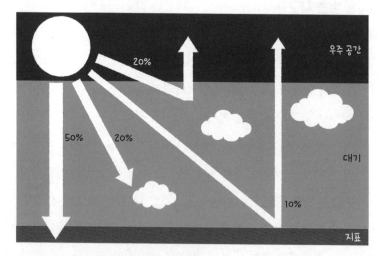

그림 2 • 지구에 도달한 태양 복사의 행방은?

지구에 도달한 태양 복사의 약 30%가 대기나 지표에서 반사된다. 20%는 대기 중의 구름과 온실가스가 흡수하고, 약 50%는 지표가 흡수한다.

낮의 지표면은 태양의 복사를 흡수한다. 스스로 열을 방출하는 양보다 흡수하는 양이 더 많기 때문에 지표면이 따뜻해진다. 태양이 지고 밤이 되면 햇살이 비치지 않기 때문에 지표면은 스스로 열을 방출하기만 한다. 그래서 지표면이 차갑게 식는다.

구름이 없는 밤이면
지구가 복사한 에너지는 우주로

맑은 날 밤의 추위가 흐린 날 밤보다 더 심해지는 이유도 복사로 설명할 수 있다. **구름이 없는 경우, 지표면은 복사에 의해 열을 우주 공간으로 방출하기만 한다.** 한편 하늘이 구름으로 덮여 있는 경우는 구름이 복사하는 열에 의해서 지표면이 따뜻해진다. 또한 구름은 지표면이 복사하는 열을 흡수하기 때문에 그 복사는 지표면으로부터 받

구름에서 내보내는 복사는 지표면을 따뜻하게 한다.

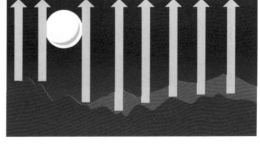

맑은 밤에는 지표면의 복사에 의해 열이 방출된다.

그림 3 • 복사 냉각의 구조

은 열 일부를 지표면으로 돌려보내는 것이다.

'구름 한 점 없이 맑다'는 조건 말고도 복사 냉각이 보다 커지는 조건이 있다. 바람이 약하고, 지표면 가까이의 차가운 공기와 그 위의 아직 따뜻한 공기가 섞이지 않았을 때, 그리고 수증기(지표면의 복사를 흡수해서 열을 내는 온실 효과 가스)가 적고, 공기가 건조할 때 등을 들 수 있다.

에너지 복사는
일상생활에도 이용

가까이에서 볼 수 있는 복사로는 적외선 난방기가 있다. **적외선 난방기가 즉시 몸을 따뜻하게 하는 것은 복사에** 의해 열이 이동하기 때문이다. 적외선은 눈에 보이지 않지만 적외선과 함께 가열부에서 나오는 불그스름한 빛의 범위, 즉 복사가 닿는 곳만 따뜻함이 느

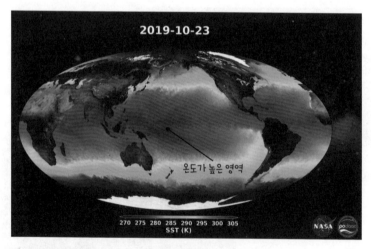

그림 4 • 인공위성의 적외선 센서로 측정된 해양 온도

사진: NASA https://podaac.jpl.nasa.gov/animations/Sea_Surface_Temperature_from_GHRSST_L4_MUR_v4.1_Data_Animation

껴진다. 따라서 방 안의 공기 전체를 따뜻하게 하지는 못한다.

복사는 **우리 신체**에서도 일어난다. 코로나19의 세계적인 유행으로 인해 공항이나 경기장 등 사람이 대규모로 이동하거나 모이는 곳에서 이뤄지는 검역 방식 중 체온 기록 장비나 귓속 온도를 측정하는 귀 체온계는 적외선의 복사량을 측정해 체온으로 환산하는 것이다. **기상 위성**이 측정하는 지표 온도도 적외선의 측정량이다. 이렇게 복사는 일상에서 늘 겪는 현상 중 하나라 할 수 있다.

성분 분자가 '1개도 남지 않을 정도로 희석'하는 동종요법

동종요법이 미국과 유럽에서 인기를 얻고 있다. 일본에서도 조산원 등에서 사용되었으나 문제가 되었다. 동종 요법은 18~19세기 독일 의사 사무엘 하네만Samuel Hahnemann이 개발한 대체요법으로 어떤 질환을 치료할 때 그 증상과 비슷한 증상을 일으키는 물질을 물에 희석한 다음 설탕 덩어리에 스며들게 해 극히 소량을 약으로 사용한다. 동종요법은 '같은 것이 같은 것을 치료한다', '그 병이나 증상을 일으키는 약약물을 사용하여 해당 병이나 증상을 치료한다'는 생각에서 출발한다.

약물 제조법으로 권장되는 10의 60제곱배로 희석하면 이론상 원래의 물질은 한 분자도 포함되지 않게 된다. 그런데 분자는 없더라도 분자가 가지는 '패턴'이나 '파동'이 물에 남아 있어서 희석시켜야 효능이 높아진다고 한다. 실제로는 물과 설탕을 섭취할 뿐이므로 부작용이 없는 것은 확실하다.

하지만 환자가 일반 진료를 받지 않기 때문에 생명이 위험할 수 있다. 일본에서도 동종요법을 쓰다 사망하는 사건이 잇따라 일어났다. 특히 2009년 야마구치시에서 발생한 'K2 시럽 사건'이 유명하다. 일본 동종요법의학협회 소속 조산사가 원래 투여했어야 할 비타민 K2를 투여하지 않고 동종요법 약물을 투여했다가 생후 2개월 된 여아가 '비타민 K 결핍증'으로 인해 두개내출혈을 일으켜 사망한 것이다. 동종요법은 서양에서 인기가 있어 연구 조사도 많이 이뤄지고 있지만 효능이 있다는 근거는 없다.

제4장

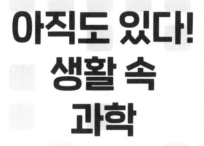

아직도 있다!
생활 속
과학

리튬이온 전지가
최근 주목받는 이유는 뭘까?

리튬이온 전지는 휴대전화, 스마트폰, 컴퓨터, 태블릿 등 소형이지만 대량의 전력을 소비하는 단말기에 사용된다. 가볍고 휴대성이 좋은데다 고출력 대용량이라는 특징이 있기 때문이다.

전지 안에서 전자를 내는 물질과
전자를 받는 물질

전지는 크게 화학 전지와 물리 전지(태양 전지나 광전지 등)로 나눌 수 있다. 전지라고 하면 보통은 화학 전지를 가리킨다. 화학 전지는 화학반응 에너지를 전기 에너지로 바꾸는 장치이다. 화학 전지는 일반적으로 한 번 쓰면 끝나는 1차 전지와 충전하여 여러 번 사용 가능한 2차 전지로 나눌 수 있다. 1차 전지에는 망간 건전지, 알칼리(망간) 건전지, 알칼리 버튼 전지, 리튬 전지 등이 있고, 2차 전지에는 니켈 카드뮴 전지, 니켈 수소 전지, 리튬이온 전지, 납 전지, 알칼리 전지 등이 있다.

전지는 '없어질 때'까지 회로를 통해서 음극에서 양극으로 전자가 이동한다. 음극 쪽에는 전자를 차례로 내보내는 물질이 있고, 양극 쪽에는 그 전자를 받아들이는 물질이 있다. 예컨대 망간 건전지나 알칼리 건전지의 음극은 아연이라고 하는 금속으로 되어 있다. 양극에는 탄소 막대가 있지만, 탄소 막대는 전자를 받아 반응하는 물질이 아니다. 단지 외부에서 전류를 받아들

전지의 명칭		전지의 구성			기전력 (V)
		음극활물질	전해질	양극활물질	
1차 전지	망간 전지	아연	염화아연 염화암모늄	이산화망간	1.5
	알칼리 (망간) 전지		수산화칼륨		1.5
	리튬 전지	리튬	유기용매에 리튬염을 용해	이산화망간 등	3
2차 전지	납 전지	납	황산	산화납(IV)	2
	니켈 수소 전지	수소 흡장 합금	수산화칼륨	수산화니켈	1.2
	리튬이온 전지	탄소와 리튬 화합물	유기용매에 리튬염을 용해	코발트산 리튬 등	3.7

그림 1 • 다양한 전지

그림 2 • 망간 전지의 구조

회로를 만들면 음극활물질인 아연이 아연 이온이 될 때 방출한 전자가 음극에서 양극이 된다. 양극활물질인 이산화망간이 전자를 받으면 옥시 수산화망간이 된다.

이는 집전체 역할을 할 뿐이다. 그래서 단순히 '음극'이나 '양극'이라고 하면 실제 주역이 잘 보이지 않으므로 실제 주역을 **음극활물질, 양극활물질**이라고 한다.

망간 건전지나 알칼리 건전지의 경우, 음극 = 음극활물질 = 아연이다. 금속인 아연Zn이 아연 이온Zn^{2+}이 될 때 전자를 방출한다. 아연은 쉽게 이온이 된다. 즉 이온화 경향이 큰 금속이다. 망간 건전지, 알칼리 건전지에서의 양극활물질은 모두 이산화망가니즈이다.

고성능이지만 제어하기 어려운
리튬이온 전지
리튬이온 전지는 뛰어난 성능을 갖추었다. 리튬이 매우 큰 이온화 경향을 지닌 물질, 즉 **전자를 잘 방출하는 물질**이기 때문이다. 리튬은 은백색 금속이다. 리튬은 모든 금속 중에서 가장 밀도가 작아($0.53\,g/cm^3$) 밀도가 물의 절반 남짓밖에 되지 않는다. 리튬을 전지에 사용하면 이온화 경향이 크고 밀도가 작기 때문에 에너지 밀도(질량 또는 부피당 전기 에너지를 내는 용량)를 큰 폭으로 높일 수 있다. 즉 **가벼운 고출력 전지**를 만들 수 있다.

하지만 이온화 경향이 크다는 점은 금속 리튬이 물이나 **공기**산소와 만나면 즉시 화학반응을 일으킨다는 것을 의미한다. 그 때문에 음극 리튬을 흑연의 층과 층 사이에 넣는 등 리튬이온 전지를 만들기 위해 다양한 연구가 이루어지고 있다. 이 방식은 2019년에 노벨 화학상을 수상한 요시노 아키라 교수가 고안했다. 전해액에 물을 사용하지 않고 에틸렌계 유기용매를 사용하기도 한다.

충방전은 리튬이온이 전해액을 통해 양극과 음극 사이를 분주하게 움

이온화 서열	물과의 반응	산과의 반응	공기 중에서의 반응
리튬Li 포타슘(칼륨)K 칼슘Ca 나트륨Na	냉수와 반응한다.	희산(농도가 묽은 산)과 반응해서 H_2가 발생한다.	내부까지 신속하게 산화된다.
마그네슘Mg 알루미늄Al	비등수와 반응한다.		상온에서 표면이 서서히 산화된다.
아연Zn 철Fe 니켈Ni 주석Sn 납Pb	고온의 수증기와 반응한다.		
수소H_2 구리Cu 수은Hg	반응하지 않는다.	산화력이 있는 산에 녹는다.	산화되지 않는다.
은Ag 백금Pt 금Au		왕수王水에 녹는다.	

그림 3 • **이온화 경향**

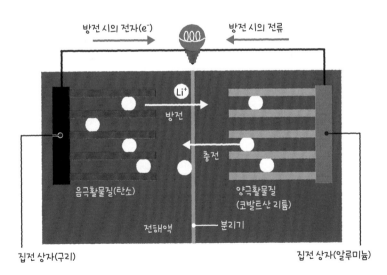

그림 4 • **리튬이온 전지의 원리**

직임으로써 이루어진다. 그 때문에 과충전되거나 합선되거나 이상 방전, 이상 충전, 과가열되면 불에 타거나 폭발할 수 있다. 그래서 고급 제어 기술을 적용하고 있다.

45

가볍고 강한 탄소섬유에는
어떤 비밀이 있을까?

탄소섬유는 탄소로만 되어 있는 섬유다. 아크릴로니트릴을 무산소 상태로 가열하여

제조하는데, 스포츠용품에서 항공 우주 분야까지 다양하게 사용된다. 탄소섬유가

대체 어떤 섬유인지 알아보자.

**탄소섬유는
가볍고 내구성이 강하다** 탄소섬유는 말 그대로 탄소로 되어 있
는 섬유이다. 스웨터와 담요도 탄소가 들어 있는 섬유로 만들지만, 탄소섬유
라고는 하지 않는다. 탄소섬유는 **거의 대부분(일본 공업 규격에서는 90% 이
상)이 탄소로만 되어 있다.** 가볍고 내구성이 강해 수지 등에 섞어 사용되는
경우가 많고, 항공기와 인공위성은 물론 낚싯대와 라켓, 고급 자전거 등에도
사용된다. 탄소를 사용한 첨단 재료에는 **카본 나노 튜브**라고 불리는 소재도
있지만, 이것을 탄소섬유라고 하지는 않는다. 구조도 제조법도 다르기 때문
이다.

탄소섬유의 재료에는 **폴리아크릴로니트릴PAN계와 피치계** 2종류가 있
다. 흔히 사용되는 것은 폴리아크릴로니트릴계 탄소섬유라고 하는데, 폴리
아크릴로니트릴을 질소 속에서 1,000℃ 정도로 가열하여 만든다. 폴리아크
릴로니트릴은 아크릴섬유의 주요 성분으로 폴리아크릴로니트릴 자체에는

인공위성	©JAXA	항공기
스포츠카		낚싯대
선박		라켓
엑스레이 기기		풍차
휠체어		산업 기기
로드 바이크		

그림 1 • 탄소섬유의 다양한 용도

수소나 질소 등 탄소 이외의 것이 많이 함유되어 있으나, 산소가 없는 환경
에서 가열하여 탄소를 태우지 않고 수소나 질소를 가스로 만들어 날려버릴
수 있다.

금속처럼 녹이 슬거나
재질이 약해지지 않는 탄소섬유

그럼 왜 탄소섬유는 가볍고 내구성
이 강한 걸까? 탄소 원자 자체가 가벼운데다 탄소 원자가 강하고 규칙적으
로 짜여 있기 때문이다. 원자의 무게는 원자량으로 결정되는데, 탄소 원자량
12는 철 원자량 56이나 알루미늄 원자량 27보다 작고, 섬유로 만들었을 때

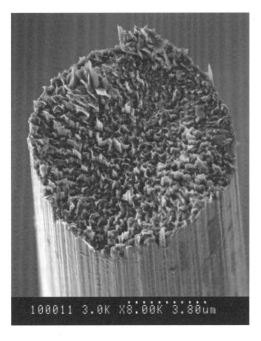

그림 2 ● 탄소섬유의 단면 사진

사진은 8,000배로 확대한 것이다.

사진: 미쓰비시케미칼 주식회사

의 비중도 훨씬 가볍다.

　내구성은 탄소를 어떻게 짜느냐에 달려 있다. 탄소끼리는 **공유 결합**이라는 강한 연결 방식으로 짜여 있기 때문에 **일반적으로 금속보다 내구성이 강하다**. 게다가 탄소섬유는 탄소 이외의 불순물을 제거하고 탄소끼리 규칙적으로 배열하기 때문에 한층 더 강하다. 연결이 강하면 '열을 잘 전달한다'는 성질도 갖게 된다. 탄소의 경우 원래 전기도 전하기 때문에 무거운 금속을 대체하기에 적합하다.

　거기다 금속처럼 녹이 슬거나 재질이 약해지는 일도 없어 첨단기술을 뒷받침하는 **우수한 재료**로 활용하고 있다. 탄소는 타기 쉽지 않을까 생각할 수도 있다. 하지만 탄소가 규칙적으로 결합되어 있으면 외부에서 산소가 침

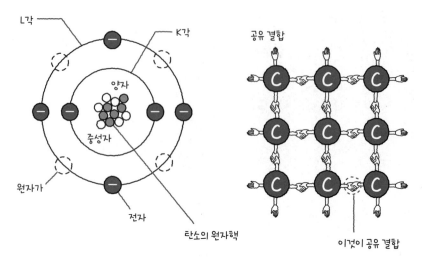

그림 3 • 탄소 원자 모식도와 공유 결합

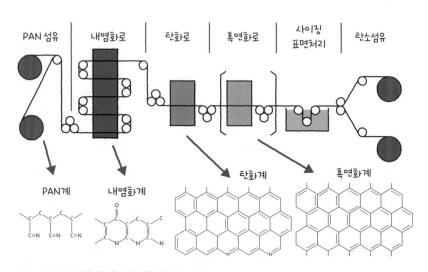

그림 4 • PAN 섬유로 탄소섬유를 만드는 공정

참고: JETI, 47, No.13(1999)

투하지 못하기 때문에 목탄처럼 잘 타지는 않는다. 그 외에도 X선 투과성이 좋고 산이나 마모에도 강하다.

탄소섬유에도 두 가지 약점이 있다

탄소섬유에도 단점은 있다. 우선 **가격이 비싸다**는 점을 들 수 있다. 산소가 없는 환경에서 몇 번이나 가열하여 만들기 때문에 아무래도 제조비용이 많이 든다. 그리고 내구성이 강하기 때문에 반대로 **가공이 어렵다**는 것도 약점이 된다. 특히 재활용이 어려운 점이 문제점으로 꼽히고 있다. 탄소섬유는 폴리아크릴로니트릴계와 피치계 모두 일본에서 발명한 것이어서 생산 점유율 면에서 일본이 세계 선두를 달리고 있다.

사우나에서는
왜 화상을 입지 않는 걸까?

45℃ 이상의 '뜨거운 물'에는 화상을 입기 때문에 들어갈 수 없다. 하지만 90℃

의 사우나에는 들어갈 수 있다. 90℃인 '사우나'에서 화상을 입지 않는 이유가 무

엇인지 생각해보자.

목욕물이 45℃ 이상이면
화상을 입는다

사람이 화상을 입는 목욕물 온도는 45℃ 이상이다. 45℃라면 1시간, 70℃ 이상 고온이라면 1초 만에 피부조직이 파괴되기 시작된다. 45℃나 70℃ 물은 기체인 공기보다 30배나 더 열을 잘 전달한다. 물이 지닌 열에너지의 양(열량)도 기체보다 많다. 목욕물은 대부분의 열량이 효율적으로 전해지기 때문에 피부 표면의 온도가 금세 올라가 화상을 입는 것이다.

피부 표면에는
얇은 공기층이 있다

가만히 있을 때 사람의 피부 표면은 움직이지 않는 공기층으로 덮여 있다. 말하자면 **공기 옷을 입고 있는 듯한** 상태이다. 이 공기 옷의 온도는 피부 온도와 거의 비슷하다. 이 공기 옷의 두께는 바람이 없는 상태에서 4~8 mm 정도이다. 기체인 공기는 단열성이 높

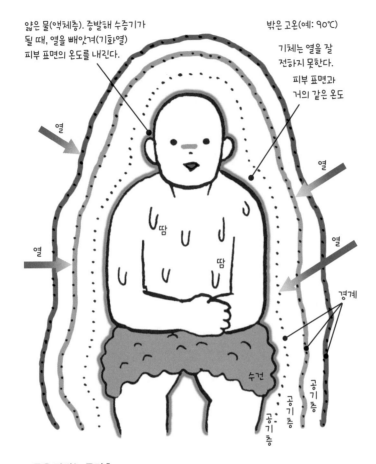

얇은 물(액체층). 증발해 수증기가 될 때, 열을 빼앗겨(기화열) 피부 표면의 온도를 내린다.

밝은 고온(예: 90℃)

기체는 열을 잘 전하지 못한다.

피부 표면과 거의 같은 온도

열

열

열

땀

땀

경계

수건

공기층

공기층

공기층

공기층

그림 1 • 몸을 감싸는 공기층

공기층이 사람의 몸을 겹겹이 싸서 뒤덮는다.

기 때문에 얇아도 열을 잘 전달하지 못하긴 하지만, 이 층이 두꺼울수록 열을 더 전달하지 못한다. 바람이 불면 이 공기층의 일부가 날아가서 얇아지기 때문에 바람의 온도를 느껴 시원해진다.

90℃나 되는 사우나에 천천히 들어갈 때 피부는 이 공기층으로 덮여

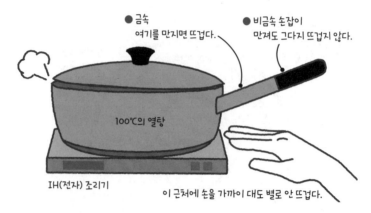

● 금속
여기를 만지면 뜨겁다.

● 비금속 손잡이
만져도 그다지 뜨겁지 않다.

100℃의 열탕

IH(전자) 조리기

이 근처에 손을 가까이 대도 별로 안 뜨겁다.

그림 2 • 열을 잘 전달하는 금속

냄비의 금속 부분은 뜨겁다. 냄비로부터 거리가 같더라도 공기 중이면 그다지 뜨겁지 않다.

있다. 가만히 있으면 이 공기층에 90℃ 사우나 공기가 휘감긴다. 공기는 액체보다 열을 잘 전달하지 못하기 때문에 90℃ 공기는 이 공기 옷 층을 뜨겁게 달구는 속도가 느리다. 공기층은 피부에 열이 전해지는 것을 막는 장벽역할을 하기 때문에 피부 표면의 온도가 더 천천히 상승한다.

그래도 피부 온도는 느리기는 하지만 더 올라가는데, **피부 표면의 얇은 물(액체층)**이 피부 온도가 더 올라가지 못하도록 막는다. 액체인 물이 증발해 수증기가 될 때 열을 빼앗아(**기화열**) 피부 표면의 온도를 낮춘다. 90℃ 공기로 인한 온기 효과와 피부 표면의 기화열로 인한 냉각 효과가 균형을 이루고 있는 동안에는 피부 표면의 온도가 쉽게 올라가지 않는다.

균형이 깨질 때 그런데 사우나 안에서 두른 수건의 열파(열의 파동)를 받거나 몸을 움직이거나 하면 공기층이 얇아진다. 열파의 기세가 강하거나 몸의 움직임이 빠를수록 공기층은 얇아진다. 그렇게 되면

그림 3 • 기화열이란?

코로나19 바이러스를 예방하기 위해 손에 알코올을 분무하면 손이 금세 시원해진다. 알코올이 증발할 때 손의 열을 빼앗기 때문이다. 이것을 기화열이라고 한다.

공기층의 차단 효과가 떨어지기 때문에 뜨거움을 느끼게 된다. 뜨거움을 느끼면 자연스럽게 땀이 나고 액체인 물이 증발하기 때문에 온도를 낮춘다. 여기에서 수분이 부족하여 만족스럽게 땀을 흘리지 않게 되면 땀이 증발할 때의 기화열에 의한 냉각 효과가 떨어지므로 피부 표면의 온도가 올라간다. 이때는 위험하므로 즉시 수분을 섭취해야 한다.

금속에는
주의가 필요하다
금속은 기체인 공기보다 **열을 전달하는 작용이 훨씬 크다.** 그래서 사우나에서는 금속 제품을 소지하지 말라는 주의 사항을 흔히 볼 수 있다. 열을 전달하기 쉬운 금속이 몸의 표면과 사우나의 고온 부분을 직결하여 열을 전달하기 때문에 '화상'을 입을 위험이 있다. 사우나 안에 있는 금속도 고온이므로 만지지 않도록 주의해야 한다.

자연계의 미생물로 분해되기 쉬운 것은 비누일까? 합성세제일까?

기름때를 제거할 수 있는 비누와 합성세제. 대체 뭐가 같고 뭐가 다른 걸까? 역
사적인 배경과 함께 화학적인 관점에서 살펴보고 환경에 대한 영향을 생각해
보자.

**비누에서
합성세제로**   동물이나 식물로부터 얻은 유지와 알
칼리(물에 녹이면 알칼리성을 나타내는 물질)를 화학 반응시키면 지방산염
과 글리세린이라는 물질이 생성된다. **이 지방산염을 일반적으로 비누라고 부
른다.**

그런데 비누가 기름때를 제거할 수 있는 이유는 무엇일까? 비누가 계면
활성제로 작용하기 때문이다. 분자 중에는 물과 잘 융합하는 분자와 기름과
잘 융합하는 분자가 있는데, 계면활성제는 잘 융합하지 않는 물과 기름을 섞
이게 해서 얼룩을 제거하는 물질이다.

19세기에 계면활성제로 작용하는 비누 이외의 물질을 개발하기 시작
했는데 그때 생긴 것이 **합성세제**다. 특히 석유를 정제해 합성한 **알킬벤젠술
폰산염ABS**이라는 계면활성제를 주성분으로 한 합성세제가 1960년경 널리
보급되었다. 비누는 '비누 찌꺼기가 생기고' 기름때에는 강하지만 석유계 얼

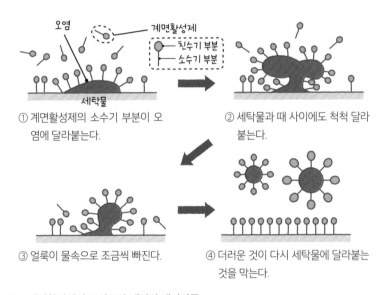

$$CH_2-OCO-R \quad CH_2-OH$$
$$CH \ -OCO-R \ + \ 3NaOH \longrightarrow 3R-COONa+ \ CH \ -OH$$
$$CH_2-OCO-R \quad CH_2-OH$$

유지   알칼리   비누   글리세린

그림 1 • 비누를 만드는 화학 반응식

유지에 알칼리를 넣어 비누를 만드는 방법을 비누화법이라고 부른다. 현재는 지방산에 직접 알칼리를 넣어 비누를 만드는 중화법이 주류를 이룬다.

오염   계면활성제

친수기 부분
소수기 부분

세탁물

① 계면활성제의 소수기 부분이 오염에 달라붙는다.

② 세탁물과 때 사이에도 척척 달라붙는다.

③ 얼룩이 물속으로 조금씩 빠진다.

④ 더러운 것이 다시 세탁물에 달라붙는 것을 막는다.

그림 2 • 계면활성제의 모식도와 세정의 메커니즘

★ 알킬벤젠술폰산염(ABS)

소수기로 분기되는 구조가 있어 미생물에 잘 분해되지 않는다.

★ 직쇄 알킬벤젠술폰산염(LAS)

직쇄 구조라서 분기하지 않고, 비누와 분자 형태가 비슷하여 쉽게 분해된다.

그림 3 • 알킬벤젠술폰산염과 직쇄 알킬벤젠술폰산염의 분자 구조 차이

룩은 제거하기 어려울 뿐 아니라' '냉수에서는 세정력이 약하다'라고 하는 약점이 있었다. 그런데 알킬벤젠술폰산염을 함유한 합성세제는 이러한 약점을 개선할 수 있었다. 이것이 합성세제가 널리 보급된 요인 중 하나이다.

미생물로 잘 분해되지 않은
알킬벤젠술폰산염은 사회문제로
하지만 알킬벤젠술폰산염의 소비량이 급속도로 늘어나자 환경문제를 일으키게 되었다. 1960년경부터 하천에 세제 거품이 눈에 띄게 늘었고, 시간이 지나도 거품이 사라지지 않아 사회문제가 된 것이다. 조사 결과 **알킬벤젠술폰산염은 자연계의 미생물로 잘 분해되지 않는 물질**로 밝혀졌다.

미생물은 유기물을 분해해서 에너지를 얻는다. 우리가 밥을 먹어서 에너지를 얻는 거나 마찬가지다. 비누나 알킬벤젠술폰산염이나 모두 같은 유기물이다. 옛날부터 자연계에 존재하는 유지로 만들어진 비누는 미생물 입장에서 보면 '늘 먹었던 친숙한 밥'이므로 단시간에 분해할 수 있었다. 하지만 석유에서 합성된 알킬벤젠술폰산염 구조는 미생물에게 '친숙하지 않은 밥'이어서 분해하는 데 시간이 걸렸던 것이다.

분해가 잘 되는
오늘날의 합성세제
알킬벤젠술폰산염이 환경문제를 일으키자, 그 대책으로 즉시 알킬벤젠술폰산염을 대체할 계면활성제를 개발하기 시작했다. 그 결과 미생물이 먹기 좋은 구조로 바꾼 **직쇄 알킬벤젠술폰산염LAS**이 알킬벤젠술폰산염을 대체하게 되었다. 현재는 알킬벤젠술폰산염은 일절 사용되지 않는다. 직쇄 알킬벤젠술폰산염보다 더 잘 분해되는 알킬황

계	재료	용도
음이온계	고급 지방산염(비누)	화장 비누 세탁 비누 신체 세정제
	알파술포지방산메틸에스테르염(α-SFE)	의류용 세제
	직쇄 알킬벤젠술폰산염(LAS)	의류용 세제 주방용 세제 주택용 세제
	알킬황산에스테르염(AS) 알킬에텔황산에스테르염(AES) 알킬인산에스테르염	의류용 세제 신체 세정제 샴푸 연마제
	α- 올레핀술폰산염(AOS)	의류용 세제 주방용 세제
	알칸술폰산염(SAS)	액체 세제
양이온계	알킬벤질메틸암모늄염 에스테르 아미드 디알킬디메틸암모늄염 아미드이미다졸린 알킬디메틸벤질암모늄염	린스 유연제 살균 소독제 정전기방지제
양성계	산화 아민(AO) 알킬 베타인	주방용 세제 샴푸
	아미드아미노스타트산염(AA)	샴푸
비이온계	글리세린 지방산 에스테르 소르비탄 지방산에스테르 소장 지방산 에스테르 폴리 옥시 에틸겐 지방산 에스테르 폴리 옥시 에틸겐 소르비탄 지방산 지방산 알칼 아미드	화장품용 유화제 샴푸 주방용 세제 식품용 유화제
	폴리 옥시 에틸겐 소르비탄 지방산(AE) 알킬 글리코시드(AG)	주방용 세제 의류용 세제 주택용 세제 화장품용 유화제 샴푸

그림 4 • 대부분의 계면활성제와 그 용도

산에스테르염AS 등이 개발되었기 때문이다. **알킬황산에스테르염은 비누처럼 잘 분해되는 것으로 알려져 있다.**

합성세제라고 하면 마치 한 가지인 것처럼 인식하기 쉽다. 하지만 현재 합성세제는 수십 종류나 되는 계면활성제를 조합하고 성분을 배합하여 만든다. 그 때문에 실로 다양한 세정력과 성질, 생분해성을 지니고 있다. 자연 유래 비누는 친환경이고 합성세제는 그렇지 않다고 말하기도 하지만 일률적으로 그렇다고 판단할 수는 없다.

48 Q 왜 방귀에 불이 붙는 걸까?

방귀는 음식물과 함께 삼킨 공기와 장내 세균의 작용으로 생긴 가스, 장 점막을 통해 혈관 내에 녹아 있는 혈액가스 등이 섞인 것이다.

불이 붙는 방귀 가스는 수소와 메탄

방귀에 불이 붙는 성분은 주로 수소와 메탄이라고 하는 기체가스이다. 수소는 기체 중에서 가장 가볍고, 무색무취이다. 수소 원자가 2개 결합된 수소 분자H_2로 이루어져 있으며, 불에 타면 물이 된다. 메탄은 도시가스의 주성분으로 역시 무색무취이다. 탄소 원자 1개에 수소 원자 4개가 결합된 메탄 분자CH_4로 되어 있어 불에 타면 이산화탄소와 물이 된다.

가스는 공기산소가 적당한 비율로 섞여 있는 밀폐된 곳에서 불이 붙으면 폭발이 일어난다. 폭발이 일어나는 비율을 **폭발 한계(또는 연소 한계)**라고 한다. 폭발 한계는 수소의 경우 4~75%, 메탄의 경우 5.3~14%이다. 수소의 폭발 한계는 매우 광범위해서 학교에서 과학 실험을 하다 폭발 사고가 일어나는 등 자주 폭발 사고가 일어난다. 메탄은 도시가스 누출로 인해 폭발 사고가 가끔 일어난다.

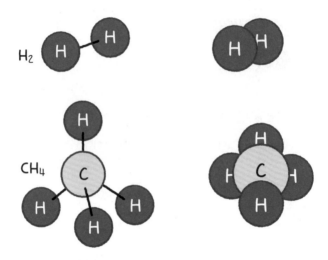

그림 1 • 수소와 메탄의 분자 모델

$수소$
$$2H_2 + O_2 \rightarrow 2H_2O$$

$메탄$
$$CH_4 + 2O_2 \rightarrow CO_2 + 2H_2O$$

그림 2 • 수소와 메탄의 연소·폭발의 화학반응

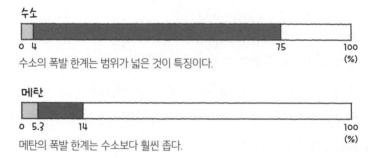

수소

0 4   75   100
(%)
수소의 폭발 한계는 범위가 넓은 것이 특징이다.

메탄

0 5.3   14   100
(%)
메탄의 폭발 한계는 수소보다 훨씬 좁다.

그림 3 • 수소와 메탄의 폭발 한계

인터넷 검색을 하다 '방귀에 불이 붙을까? -초등학생 시절의 실험보고'라는 기사가 눈에 띄었다. 초등학교 때 목욕탕에서 수상치환(물을 가득 채운 용기의 입구를 아래로 향하게 하여 물속에 넣고 용기 안으로 기체를 모으는 방법 — 옮긴이)으로 모은 방귀에 점화해서 푸르스름한 불꽃을 확인했다고 하는 내용이었다. 수술 중에 방귀가 발화하는 사고가 일어나기도 한다. 방귀에는 이러한 불에 타는 기체가 함유되어 있기 때문에 불을 붙이면 타는 것이다.

NASA에서 연구한
방귀

아폴로 계획과 우주 왕복선으로 유명한 미국항공우주국NASA 연구팀은 방귀에 대해서도 진지하게 연구한다. 우주선 안에서는 기압을 낮게 유지하기 때문에 평소보다 방귀가 나오기 쉽다. 좁은 우주선 내에 냄새나고 유독한 방귀가 쌓이게 되면 정말 문제가 된다. 게다가 우주식은 양이 적은 반면 고 칼로리라서 방귀가 나오기 쉽고, 수소나 메탄가스의 생산량도 많기 때문에 경우에 따라서는 가스 폭발의 위험성도 있다.

연구 결과, 방귀에는 무려 **400여 종의 성분**이 함유되어 있다는 사실을 알아냈다. 방귀의 주요 성분은 들이마신 공기 중의 질소가 60~70%, 수소가 10~20%, 이산화탄소가 약 10%이고, 그 외에 산소, 메탄, 암모니아, 황화수소, 스카톨, 인돌, 지방산, 휘발성 아민 등이 함유되어 있다. 그중 방귀 냄새에는 암모니아, 황화수소, 스카톨, 인돌 등이 원인으로 작용한다.

방귀의 많은 부분을 차지하는 것은 수소이다. 수소를 만드는 **수소 생성균 동류**가 대장에서 수소를 만들어내기 때문이다. 일반적으로 당질은 위와

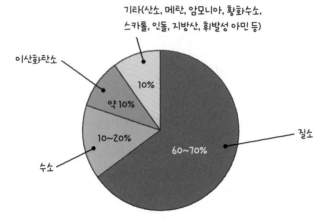

기타(산소, 메탄, 암모니아, 황화수소, 스카톨, 인돌, 지방산, 휘발성 아민 등)

이산화탄소

10%

약 10%

10~20%

수소

60~70%

질소

그림 4 • 방귀의 성분

● 1. 식이섬유를 섭취해 변비가 걸리지 않게 하라!

● 2. 대변은 참지 말라!

● 3. 트림은 참아라!

● 4. 식사 후 곧바로 눕지 말라!

● 5. 빨리 먹기, 벌컥벌컥 마시기는 금물!

그림 5 • 방귀를 줄이는 5가지 방법

출처: '참은 방귀는 어디로 가는가?', 어른의 몸 세미나
(닛케이 Gooday, https://gooday.nikkei.co.jp/atcl/report/14/091100018/092500001/)

소장에서 소화되고 흡수되지만, 흡수 불량으로 대장까지 온 식이섬유 같은 당질을 먹이로 해서 수소를 만드는 것이다.

우리 장내에는 보통 200 mL(종이컵 1컵 분량) 정도의 가스가 차 있다. 방귀나 트림으로 배출되는 양은 뱃속에 들어가거나 장내에서 발생하는 기체의 10%에 불과하다. 방귀의 양은 음식이나 컨디션에 따라서도 다르지만, 한 번 방귀를 뀔 때 수 mL에서 150 mL 정도가 나오고, 하루에는 약 400 mL~2 L가 나오는 것으로 알려져 있다.

코로나19 바이러스 감염 여부를 측정하는 PCR 검사란?

PCR 검사는 코로나19 바이러스 감염 여부를 측정하는 검사로 널리 알려져 있다.

PCR은 유전자 감식에도 이용되는, '미량의 DNA를 대량으로 늘리는 방법'이다. 어

떻게 대량으로 늘릴 수 있는지 생각해보자.

PCR은 DNA의
인공적 복제

유전자 본체를 이루는 DNA는 모든 세포에 존재한다. 체세포 분열이 일어날 때 동일한 DNA를 두 세포로 균등하게 나누기 위해 원래의 DNA를 거푸집으로 하여 한 쌍을 복제한다. DNA는 2개의 긴 분자가 짝이 되도록 **이중나선구조**로 결합되어 있다(**그림 1**). 2개가 결합되어 있는 부분이 유전자의 명령이 되는 A아데닌, G구아닌, T티민, C시토신의 4종 염기인데 이 4종 염기는 직접 거푸집이 되어 새로운 DNA를 만든다.

세포 내에서 DNA가 복제되는 과정은 **그림 2**와 같다. 나선효소헬리카제가 이중나선구조를 풀어주고 DNA 중합효소가 4종의 염기를 주형으로 해서 DNA를 합성하므로 결과적으로 두 쌍이 만들어진다. 본래 세포 내에서 이루어지는 이 DNA 복제를 단시간에, 그것도 반복해서 연속적으로 실시할 수 있는 것이 **PCRpolymerase chain reaction, 중합효소 연쇄반응**이다. 한 번 복제할 때마다 DNA의 양은 2배가 된다. 한 쌍의 DNA는 1회 복제로 2쌍이 되고, 2회에

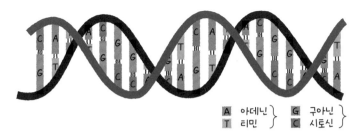

그림 1 • DNA의 이중나선구조

A(아데닌), T(티민), G(구아닌), C(시토신)가 유전자의 명령이 된다. 보통 이들이 결합해 안정적인 이중나선구조를 이룬다.

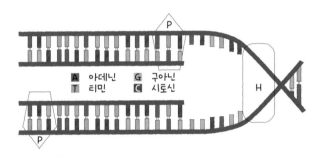

그림 2 • DNA 복제과정

나선효소(H)는 오른쪽으로 이동하면서 이중가닥을 풀어준다. 한 가닥의 사슬로 된 DNA를 DNA 중합효소(P)가 이동하면서 이중나선구조의 DNA를 복제한다.

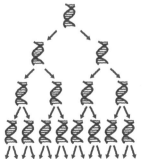

1쌍의 DNA

1회 복제

2쌍의 DNA

2회 복제

4쌍의 DNA

3회 복제

8쌍의 DNA

4회 복제

그림 3 • PCR의 DNA 복제

한 번 복제할 때마다 DNA가 2배로 늘어난다.

4쌍으로, 3회에 8쌍으로 증가한다(그림 3). 한 번 복제하는 데 몇 분이면 되므로 한 쌍의 DNA를 1시간 만에 1억 쌍 넘게 늘릴 수 있다.

내열성 DNA
중합효소 발견으로 큰 발전
DNA 복제가 단시간에 가능한 것은 온도 변화를 잘 이용하기 때문이다. 그 과정은 다음과 같다(그림 4).

① 고온(92℃ 전후)으로 해서 이중나선구조를 풀어준다.

② 온도를 낮추고(60℃ 정도) 풀린 DNA에 복제의 근원이 되는 프라이머(짧은 DNA 조각)를 결합시킨다.

③ 온도를 약간 올리고(65~70℃ 정도의 범위) DNA 중합효소 기능을 통해 DNA를 복제한다.

①~③ 과정은 몇 분 안에 끝나는 한 번의 복제인데, 이를 반복한다. 이 DNA 복제도 온도가 높아야 고속으로 할 수 있지만 일반적인 세포 내에 있는 DNA 중합효소는 90℃에는 열변성을 일으켜 작용하지 못한다. 날달걀을 삶은 후에는 원래대로 되돌릴 수 없는 것과 같은 이치이다. 그러므로 일반적인 DNA 중합효소로는 복제가 불가능하다.

이를 가능하게 만든 것이 **고온에서도 작용하는 내열성 DNA 중합효소 발견**이다. 이 발견으로 PCR이 가능하게 된 것이다. 내열성 DNA 중합효소는 온천에 서식하는 호열균(55℃ 이상 고온에서도 활발하게 증식하는 균으로 내열균이라고도 한다) 속에 존재했다. 현재는 보다 고온에서 효율적으로 DNA를 복제할 수 있는 내열성 DNA 중합효소 기능을 이용할 수 있게 되어 세계 각지에서 PCR 검사를 할 수 있게 되었다.

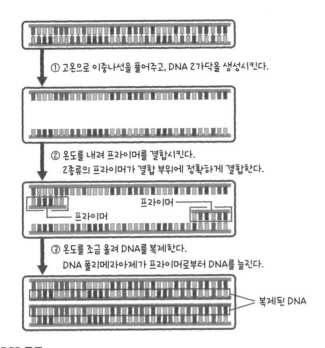

그림 4 • PCR 구조

2쌍의 DNA가 동시에 사이클을 반복하면 4쌍이 되고, 다시 반복하면 8쌍으로 증가한다.

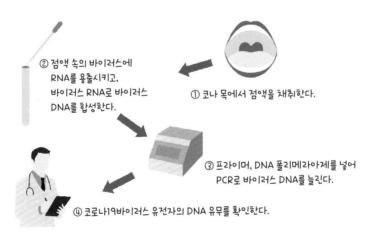

그림 5 • 코로나19 바이러스의 PCR 검사법

신종 코로나바이러스 RNA로
DNA를 합성해 늘린다

그림 4의 ②에서 이용되는 프라이머를 코로나19 바이러스를 인식하는 프라이머로 하면 코로나19 바이러스 감염 유무를 판정할 수 있다. 그 방법은 **그림 5**와 같다. 코로나19 바이러스는 RNA 바이러스의 일종으로 DNA 대신 RNA를 유전자로 한다. RNA와 DNA는 비슷하지만 PCR로는 RNA를 늘릴 수 없기 때문에 DNA를 합성하여 이용한다. PCR은 생물학을 연구하는 데도 오래전부터 이용되어왔고 생물학 연구실에도 많이 보급되었다. 필자의 연구실에도 PCR이 한 대 있다.

도시광산이란 어디에 있는 광산을 말하는 걸까?

도시광산이란 가전제품 안에 존재하는 유용한 자원(희소금속)을 광산에 빗댄 말이다. 도시에서 대량으로 폐기되는 가전제품은 재생 가능한 자원이다.

도시광산이란? 일본은 일찍이 은과 구리를 생산하는 나라 중 하나였다. 하지만 자원이 고갈되고, 인건비와 환경 대책비의 상승 등으로 채산이 맞지 않게 되자 폐광이 잇따랐다. 현재 운영하는 금속 광산은 히시카리금산가고시마현뿐이다. 그 때문에 일본은 필요한 금속 자원의 거의 전량을 외국에서 수입하고 있다.

하지만 **도시광산**이라는 관점에서 보면 일본은 세계 유수의 자원 대국이다. 도시에서 대량으로 폐기되는 가전제품에는 유용한 금속 자원이 많이 들어 있다. 도시광산이란 말은 금속 자원을 하나의 광산이라고 생각하고 재활용하려는 의지를 드러낸다. 만들어지고 버려지는 가전이나 자동차, 그러한 공업제품에 사용되는 전자회로 기판에는 금이나 은 등 귀금속, 백금, 인듐과 같은 **레어 메탈**rare metal이 사용되고 있다. 레어 메탈은 희귀한 금속이다. 현대 과학산업에서 중요한 자원이지만 매장량이 적고 기술적·경제적 이유로 추출하기 어려운 금속이다. 일본에서는 47원소가 지정되어 있다. 금

그림 1 ● 도시광산과 천연광산의 흐름

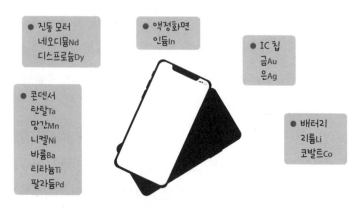

그림 2 ● 스마트폰에 사용되는 주요 귀금속이나 레어 메탈

과 은은 레어 메탈로 지정되어 있지 않다. 레어 메탈과 비슷한 말로는 레어 어스rare earth, 희토류가 있다. 희토류는 희소금속 중 스칸듐Sc, 이트륨Y 2원소에 원소 15개를 더한 총 17개 원소를 통틀어 이르는 말이다.

레어 메탈은 소재에 소량 첨가하는 것만으로 성능이 비약적으로 향상되기 때문에 '산업의 비타민'이라고도 불린다. 눈에 띄는 곳에는 그다지 존재하지 않지만, 주된 용도로는 텔레비전, 휴대전화, 디지털카메라를 비롯한 전자기기의 제조에 사용된다. '레어 메탈 없이는 일본의 공업제품을 만들 수 없다'고 해도 과언은 아닐 것이다.

티끌 모아 태산

한 장의 기판에 쓰이는 귀금속이나 레어 메탈은 극히 미량이라도 수가 모이면 많다. 국립환경연구소의 순환형 사회·폐기물 연구센터에 따르면 **컴퓨터 기판 1톤에서 약 140 g의 금을 추출할 수 있다고 한다.** 실제 금광의 경우, 1톤의 금광석에서 3~5 g 정도의 금을 채취할 수 있다는 것을 생각하면 도시광산이 얼마나 풍부한 자원인지 알 수 있다.

국립연구개발법인 물질·재료 연구기구가 2008년 1월에 발표한 계산에 따르면 일본에 축적되어 있는 금은 약 6,800톤이다. 이는 전 세계 매장량 42,000톤의 약 16%다. 은은 60,000톤으로 22%를 차지한다. 인듐은 61%, 주석 11%, 탄탈 10%로 세계 매장량의 10%가 넘는 금속이 여럿 있음을 알 수 있다.

도시광산은 희소금속 자원의 재활용을 상징적으로 나타내는 말이라고 해도 좋을 것이다. 하지만 희소금속 중에는 현시점에서 매장량에 유효적절하게 이용하지 않은 것도 있다. 폐기물의 회수 루트가 정비되어 있지 않고 폐기물의 품질(농도, 공존 물질)이 일정하지 않기 때문에 자원화하기가 기술적으로나 비용면에서 천연자원에 비해 어렵기 때문이다. 현재 도시광산을 효율적으로 이용하기 위한 기술개발이 진행되고 있다.

1	2	3	4	5	6	7	8	9	10	11	12	13	14	15	16	17	18
H																	He
Li	Be											B	C	N	O	F	Ne
Na	Mg											Al	Si	P	S	Cl	Ar
K	Ca	Sc	Ti	V	Cr	Mn	Fe	Co	Ni	Cu	Zn	Ga	Ge	As	Se	Br	Kr
Rb	Sr	Y	Zr	Nb	Mo	Tc	Ru	Rh	Pd	Ag	Cd	In	Sn	Sb	Te	I	Xe
Cs	Ba	La/Lu	Hf	Ta	W	Re	Os	Ir	Pt	Au	Hg	Tl	Pb	Bi	Po	At	Rn
Fr	Ra	Ac/Lr	Rf	Db	Sg	Bh	Hs	Mt	Ds	Rg	Cn	Nh	Fl	Mc	Lv	Ts	Og

주기율표의 세 번째 줄에 속하는 3족 원소는 레어 어스이기도 한 레어 메탈이기도 하다.

La/Lu	La	Ce	Pr	Nd	Pm	Sm	Eu	Gd	Tb	Dy	Ho	Er	Tm	Yb	Lu
Ac/Lr	Ac	Th	Pa	U	Np	Pu	Am	Cm	Bk	Cf	Es	Fm	Md	No	Lr

그림 3 • 레어 메탈(짙은 색)과 레어 어스(옅은 색)

제트 여객기 산소마스크는
산소를 만든다고?

제트 여객기는 '가장 안전한 탈 것'이라고 하지만 한 번 사고가 나면 큰일이다. 공

기가 희박한 상공에서 비상시에 호흡을 확보하기 위한 산소마스크는 어떤 구조인

지 생각해보자.

- - - - - - - - - - - - - - - - - -

객실로 들어오는 것은
압축공기의 일부

제트 여객기가 비행하는 고도 10,000~

12,000 m는 공기가 매우 희박해 지상의 20~25%밖에 되지 않는다. 온도

는 −70℃까지 내려가기도 한다. 만약 이 바깥 공기로 직접 환기를 시킨다

면 저압인데다 저온이어서 숨을 쉴 수가 없다. 그럼 대체 어떤 식으로 공기

를 바꿔 넣는 것일까? 제트기는 제트 엔진의 연료를 태워 추진력을 얻지만

상공처럼 공기가 희박한 곳에서는 산소가 부족해 잘 연소하지 않는다. 그 때

문에 컴프레서공기 압축라는 장치를 사용하여 압축한 후 연료와 섞어 태운다.

객실 내에는 이 압축된 공기의 일부가 들어온다.

단열 압축으로 공기는 200℃나 되는 고온이 된다. 엔진에서 보내진 고

온의 공기는 저온 바깥 공기를 이용한 냉각기를 통해 적정 온도까지 낮춘 후

약 0.8기압으로 조정해 기내에 보낸다. 이 구조에 따라 기내 공기는 몇 분 안

에 바뀐다.

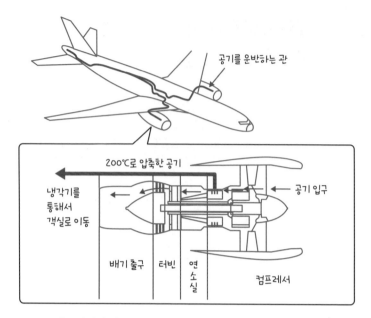

그림 1 • 제트 여객기 객실 내에 공기를 보내는 구조

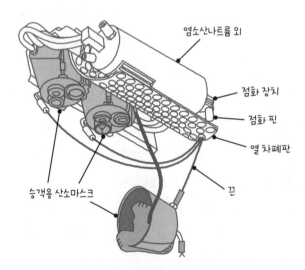

그림 2 • 객실용 카트리지형 산소 발생 장치

이 그림의 장치는 3개의 산소마스크 중 어느 한 끈을 잡아당기면 산소가 발생한다.

화학반응으로 만드는
비상용 산소
제트 여객기 기내에는 미리 긴급용 산소통을 마련해두지만 무겁고 부피가 커 승객 전원에게 대응할 수 있는 양을 탑재하기는 어렵다. 그럼 비상시에 사용되는 산소마스크의 산소는 어떤 식으로 만들어지는 것일까.

산소는 화학반응에 의해 그 자리에서 만들어진다. 이때 사용하는 약품은 **염소산나트륨**을 주성분으로 한 화학물질 혼합물이다. 염소산나트륨은 가열하면 분해되어 **산소**가 발생하고 후에 **염화나트륨**, 이른바 식염이 남는다. 산소마스크의 끈을 당기면 **발열반응**이 일어난 다음 산소를 발생하는 **화학반응**이 일어난다.

이륙 전에 하는 긴급사태 대처법 시연에서는 마스크를 반드시 당겨 착용하라고 가르쳐 준다. 끈을 당겨야 점화 핀이 분리되어 산소를 발생하는 화학반응이 시작되기 때문이다. 일단 반응이 시작되면 중간에 멈출 수가 없다. 산소가 나오는 시간은 약 12~15분 정도이다.

우선 자신의
호흡을 확보한다
마스크에는 주머니가 달려 있는데 이것은 산소를 모으는 것이지 풍선처럼 부풀어 오르는 것이 아니다. 이 사실을 모르고 산소가 나오고 있지 않다고 착각하는 경우가 있다. 주머니는 어디까지나 마스크 속의 산소가 주위의 희박한 공기로 나가지 않도록 하기 위한 것이므로 마스크를 제대로 입에 대는 것이 중요하다.

어떤 문제로 기내의 기압이 떨어지면 산소 결핍으로 15초 이내에 의식을 잃을 수 있다. 그것을 방지하기 위해서는 산소마스크가 내려오면 먼저 자

그림 3 • 비상용 산소마스크 장착

① 마스크가 내려오면 끌어내린다. 화학반응이 시작된다.
② 마스크를 입에 대고 고무 끈을 뒤로 돌린다.
③ 산소가 나오기 시작하므로 자신의 호흡을 제대로 확보한다.
④ 어린이 등 주위 사람의 호흡을 도와준다.

신이 착용한다. 아이 등 다른 사람을 걱정하는 사이에 자신이 산소 부족으로 쓰러지면 아이도 살릴 수 없다. 그러니까 먼저 자신의 호흡을 확보하는 것이 최우선이다. 그런 다음 주위 사람을 도와주면 된다.

산소통은 항공 수하물이라면 '위험물'이므로 기본적으로 의료용만 반입이 인정된다. 항공기의 비상 산소마스크는 안전성과 중량 문제로 인해 **화학적 산소 발생 장치**를 이용하는 것이다.

왜 각성제에 손을 대면
그만두지 못할까?

무섭다는 것을 알면서도 각성제에 손을 대 중독되는 사람이 끊이지 않는다. 왜 사

람은 각성제에 의존하게 되는 것인지 살펴보자.

1940년대에는
약국에서 판매되던 각성제

각성제란 각성제 단속법에 규정된 페

닐아미노프로판(암페타민)과 페닐메틸아미노프로판(메트암페타민) 및 그

염류와 그것들을 함유하는 물질을 통틀어 이르는 말이다. 각성제는 자연계

에는 존재하지 않아 화학적으로 합성해서 만든 물질이다(그림1). 이 중 일본

에서 남용되고 있는 것은 대부분이 **메트암페타민**이다. 메트암페타민은 제

2차 세계대전 당시 병사와 공장 인부의 사기를 높이고 집중력을 높이기 위

해 군에서 사용했다.

전쟁이 끝난 후 구 일본군은 대량의 메트암페타민을 민간에 널리 알렸

다. 그러자 메트암페타민을 **히로뽕(필로폰)**이라는 이름으로 일반 약국에서

판매하기 시작했을 뿐만 아니라 1940년대에는 잡지나 신문에 광고(**그림2**)

를 하기도 했다. 일본어로 피로를 확 풀어준다는 의미를 지닌 '히로뽕'은 그

리스어 필로포누스philoponus에서 유래한 것으로 '노동을 사랑하다'라는 뜻이

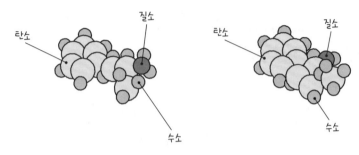

그림 1 • 암페타민(왼쪽)과 메트암페타민(오른쪽)

그림 2 • 히로뽕 잡지 광고

1940년대 잡지에 실린 히로뽕 광고. 각성제 글자가 보인다. '히로뽕'은 일본의 다이닛폰제약에서 만들어 판매했던 약품의 상품명이다. 다른 제약사에서는 '호스피탄', '네오팜플론', '네오아고틴'이라는 상품명으로 판매했다.

사진: 위키백과

다. 당시에는 히로뽕을 남용하는 사람이 넘쳐나 커다란 사회문제가 되었다.

1951년에는 '각성제 단속법'이 생겨나 각성제를 사용하는 것은 물론 소지하는 것조차 금지되었다. 하지만 21세기인 현재도 각성제는 '샵', '스피드', '아이스', '살 빠지는 약', 'S'라는 이름으로 암거래되고 있어 각성제 의존증으로 괴로워하는 사람이 끊이지 않는다(그림 3). 현재 약 관련 검거자 중 가장 많은 비율을 차지하는 것이 각성제 남용에 의한 것이다.

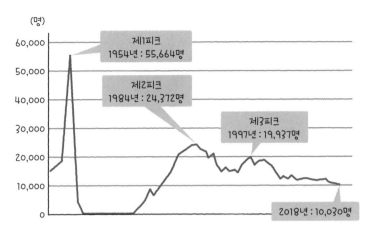

(명)

제1피크
1954년 : 55,664명

제2피크
1984년 : 24,372명

제3피크
1997년 : 19,937명

2018년 : 10,030명

그림 3 • **각성제 검거자 추이**

쾌감물질 도파민의
비정상적 증가

히로뽕을 법으로 엄격하게 규제하고 있는데도 남용하는 사람이 좀처럼 줄어들지 않는 것은 일단 각성제를 쓰면 그 마력에 사로잡히기 때문이다. 이는 각성제와 뇌 신경 전달 물질인 **도파민 (그림 4)**의 작용에 의해서 생긴다. 도파민은 뇌를 각성시켜 집중과 주의를 유도하고 쾌감을 일으키는 신경 전달 물질이다. 쾌감을 느낀다는 것은 뇌 속 도파민 분비량이 많음을 뜻한다.

도파민은 뇌 내 특정 신경세포의 단말 내부에서 분비되어 신경세포 사이의 틈새로 방출된다. 그것이 다음 신경세포의 수용체에 전달될 때 신호가 전해진다(**그림 5**). 방출된 도파민은 원래의 신경세포로 재흡수되거나 효소로 분해되기 때문에 신경 단말 간의 농도가 지나치게 치솟지 않도록 되어 있다.

메트암페타민은 많은 약물을 차단하는 뇌의 '관문'을 쉽게 통과하여 도파민과 신경세포와의 관계에 영향을 준다. 메트암페타민은 도파민 분비를

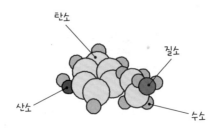

그림 4 • 도파민의 구조

암페타민이나 메트암페타민은 도파민과 비슷한 구조를 하고 있다.

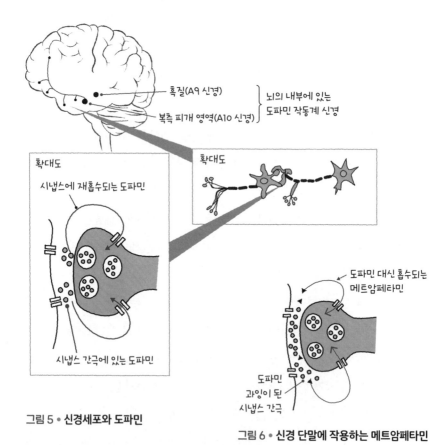

그림 5 • 신경세포와 도파민

그림 6 • 신경 단말에 작용하는 메트암페타민

촉진하기도 하고 재흡수를 방해하기도 한다(그림 6). 그 때문에 **신경 단말 간의 도파민이 비정상적으로 치솟으면 쾌감이 증대**된다. 각성제 섭취에 따른 강렬한 쾌감이나 고양감과 행복감은 3시간에서 12시간 정도 지속되는데, 그동안 배고픔을 느끼지도 졸음을 느끼지도 않는다. 각성제라고 불리는 것은 이 때문이다.

　너무나 강렬한 쾌감 때문에 약효가 떨어진 후에는 그 반동으로 강렬한 허탈감과 불안감이 엄습하게 된다. 거기서 벗어나기 위해 다시 약을 사용하게 되는데, 더 많은 약 없이는 견딜 수 없는 **중독(의존증)**이 되어버린다. 일단 중독이 되면 쉽게 빠져나올 수 없는 비참한 상황에 빠지게 된다.

번개는
왜 떨어지는 걸까?

오늘날에는 구름 속에서 지상을 향해 떨어지는 '번개'를 촬영할 수 있다. 구름 속의 전기가 지상을 향해 날아오는 것이 번개이다. 그 구조와 전기가 발생하는 과정을 생각해보자.

적란운 속에서
정전기가 발생

여름에는 흔히 적란운이 발생한다. 적란운은 '쌘비구름' 또는 '소나기구름'이라고도 한다. 우선 적란운에 대해 좀 더 자세히 알아보도록 하자. 적란운은 한기가 온기를 밀어 올리는 한랭 전선 주위, 혹은 여름에 넓은 평지에서 데워진 공기가 팽창하여 격렬한 상승 기류가 일어나면 발생한다(그림1).

적란운은 고도 3,000 m 부근에서 고도 13,000 m 부근에 이르는 키가 큰 구름이다. 내부에서는 상승 기류와 하강 기류가 심하게 뒤섞여 빗방울과 얼음덩어리인 우박이 부딪쳐 이 마찰로 인해 정전기가 발생한다. 아직 완전히 밝혀지지는 않았지만, 이때 물방울이나 얼음 알갱이의 크기 차이에 의해서 고도가 높은 곳(구름의 상부)에는 양전하(플러스 전하)가, 낮은 곳(구름의 바닥)에는 음전하(마이너스 전하)가 쌓이는 것으로 알려져 있다.

적란운의 구름 꼭대기는 지상 13,000 m(13 km), 구름의 제일 낮은 곳

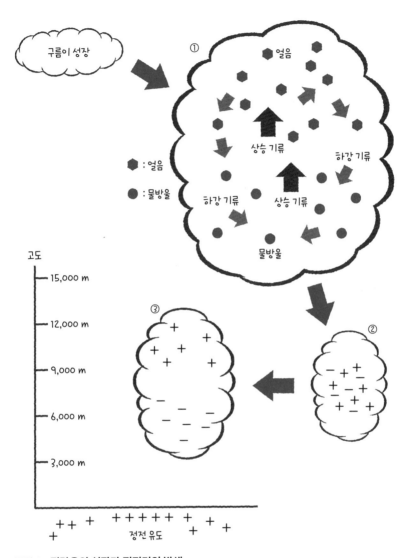

그림 1 • 적란운의 성장과 정전기의 발생

① 적란운 속에서 물방울과 얼음 알갱이가 부딪쳐 마찰로 인해 정전기가 발생한다.

② 양전하(플러스 전하)를 띤 입자는 위로, 음전하(마이너스 전하)를 띤 입자는 아래로 모인다.

③ 플러스(양) 전기와 마이너스(음) 전기가 서로 끌어당겨 정전 유도에 의해 거리가 짧은 지표 쪽에 양전하(플러스 전하)가 모여든다.

은 지상 3,000 m(3 km) 부근에 있기 때문에 그 사이는 10 km 가까이 떨어져 있다. 반면 구름 밑바닥과 지표는 3 km밖에 떨어져 있지 않다. 그렇게 되면 가까운 쪽의 지표면에는 구름의 바닥에 쌓인 마이너스(음) 전기에 끌리듯 플러스(양) 전기가 모여든다. 이것을 **정전 유도**라고 한다. 이 정전 유도에 의해 발달한 적란운의 바닥과 지표면 사이에 번개가 발생할 준비가 되는 것이다. 구름의 바닥에 쌓인 음전하가 지상의 양전하를 향해 이동하는 것이 번개이다.

계단형 선도는
보이지 않는 번개

구름 바닥과 지표와의 전압차가 커지면 마이너스 측의 구름 바닥으로부터 플러스 측의 지표를 향해서 **전자**가 튀어나온다. 전자는 공기의 기체 원자와 부딪혀 튀어 오르게 된다. 튕겨진 전자는 또 다른 기체 원자와 부딪치게 된다. 원자와 전자가 만나는 방법은 무작위지만, 튕겨 나간 전자는 플러스 측 지표면으로 이끌리기 때문에 대략 아래 방향으로 향하게 된다. 이런 일이 반복되면서 전자가 지그재그로 날아오는 것이 바로 **계단형 선도**stepped leader다.

계단형 선도는 공기에 부딪치면서 진행되기 때문에 군데군데 잘게 꺾이거나 갈라지기도 한다. 한 번에 갈 수 있는 거리는 50 m 정도이므로 여러 번 반복하면서 단계적으로 지표에 접근한다. 계단형 선도는 보통 눈에는 보이지 않지만 지표면과 접하면 플러스 측(지표)에서 마이너스 측(구름)으로 대전류가 흐른다. 이것이 주 방전인 **되돌이 뇌격**Return Stroke, 복귀뇌격이다(그림 2).

공기는 절연체이지만 되돌이 뇌격에 의해 가열되어 이온화하면 전기가 잘 통한다. 맨 처음 되돌이 뇌격이 지나간 지그재그의 길을 따라가듯이

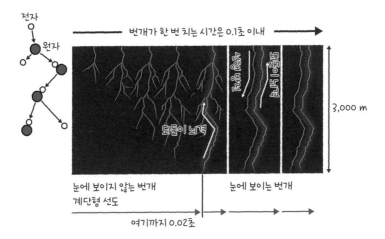

그림 2 • 번개의 원리

구름 바닥에서 음전하(전자)가 튀어나와 원자에 닿으면 한층 더 전자를 튕기면서 지그재그로 분기하여 아래 방향으로 진행한다.

동해 쪽은 겨울철에 불안정한 대기가 되기 쉽다. 낮은 구름 속에서 난기류에 의해 정전기가 쌓여 복잡하게 뒤섞일 수 있기 때문이다. 낙뢰 발생 횟수는 여름보다 적지만 구름이 낮은 곳에 생기기 때문에 한 번 치는 낙뢰 에너지는 여름철의 수십~100배에 이른다.

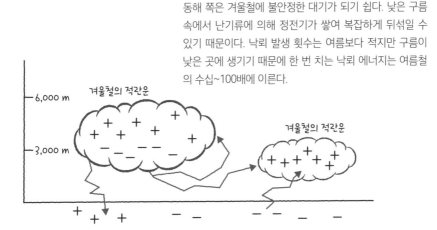

그림 3 • 겨울철 낙뢰에 주의

여름만큼 상승 기류가 강하지 않고, 구름은 낮다. 눈이나 비로 구름 속의 전하도 지표면에 떨어질 수 있다. 구름과 구름 사이에서 벼락이 치거나 지표에서 구름으로 향하는 번개도 일어난다.

0.05초 이내에 구름에서 지표로 **선행 방전**leader stroke이 일어나고 다시 되돌이 뇌격이 발생한다. 그 후 0.03초 이내에 제3의 선행 방전·되돌이 뇌격이 발생하기도 한다. 이 일련의 방전·발광 현상이 **번개**이고, 가열된 공기가 팽창해 커다란 소리를 내는 것이 **천둥소리**, 이 둘을 합한 것이 **벼락**낙뢰이다.

'활성산소를 제거한다'는 이유로 붐을 일으킨 수소수

수소수 열풍은 2007년 일본 의과대학 오타 시게오大田成男, 세포생물학 교수 연구팀이 「수소가스가 유해한 활성산소를 효율적으로 제거한다」는 논문을 국제학술지 『네이처메디슨』에 발표한 것이 계기가 되었다.

논문은 동물 실험 수준의 연구에 지나지 않았으나, 이로 인해 수소가스의 효능에 관심이 집중되었다. 오타 시게오 교수는 수소에는 활성산소 중 가장 산화력이 강하고 독성이 강한 하이드록실 라디칼hydroxyl radical만을 선택적으로 제거하는 효능이 있다고 말한다.

수소는 물 1 L에 1.6 mg밖에 녹지 않기 때문에 수소수에 함유되어 있는 수소는 극히 적다. 페트병에 담아두면 수소가 빠져 버리기 때문에 수소가 빠지지 않는 알루미늄 파우치 같은 용기에 저장하지만 뚜껑을 열면 수소의 상당량이 공기 중으로 날아간다. 그래서 수소수를 섭취하는 것이 아니라 수소를 빨아들이기도 한다.

수소수가 '활성산소를 제거하고 암을 예방하고 다이어트에 효과가 있다'고 하지만 그 유효성에 대해 신뢰할 수 있는 충분한 데이터가 없다는 점이 가장 큰 문제다.

사실 대장 안에는 수소 생성균이 있어서 수소를 다량으로 만들어낸다. 대장 내 장내 세균에 의해 발생하는 가스는 매일 7~10 L나 되는데, 그중 10~20%가 수소이다. 일부는 방귀로 나가고 대부분은 체내에 흡수되어 혈액을 타고 체내 세포로 이동한다. 그중 수소는 수소수로 섭취하는 수소량에 비해 훨씬 많다. 만약 앞으로 수소에 의학적인 효과가 있다는 연구 결과가 나와도 수소수에서 미량의 수소를 섭취하는 것보다 수소 생성균이 늘어나는 음식을 섭취하는 것이 좋다고 할 수 있다.

게르마늄이나 티타늄 팔찌가
피로를 풀어주지는 못한다

1999년부터 2002년까지 일본의 한 TV 프로그램이 음이온 특집 프로그램을 만들어 음이온의 놀라운 효능을 알렸다. 양이온을 마시면 심신의 상태가 나빠지는 데 반해 음이온을 마시면 초조함이 사라지고, 피가 맑아지고, 아토피나 고혈압 등에 효과가 있다는 것이다. 거기다 음이온은 공기도 정화한다고 한다. 결국 건강에 좋다는 것이다. 텔레비전의 영향은 커서 음이온은 금세 유행어가 되었다.

그 후 '음이온이 나온다'는 다양한 상품이 출현했다. 게르마늄이나 티타늄 팔찌, 목걸이는 음이온이 나오니까 건강에 좋다는 광고도 했다. 게르마늄이 함유된 팔찌 등의 액세서리를 착용하면 '빈혈에 좋고' '피로가 풀리고' '땀이 나 신진대사가 좋아진다'는 등의 효과를 내세웠다. 광물인 토르말린이 들어간 제품이나 토르말린을 사용한 물, 자석을 사용한 물의 처리 기기도 음이온 효과를 강조했다. 하지만 음이온의 실체가 분명치 않고, 건강에 좋다는 증거가 없을 뿐 아니라 어떤 것은 유해한 오존을 발생시킨다는 비판이 일자 한때의 붐은 종식되었다.

음이온 효과를 주장하는 제품에는 '음이온 측정기'로 측정했다며 '1 cm^{3}당 수십만 개' 등의 수치가 잘 붙는다. 하지만 이는 공기에 비하면 정말 미미한 수치일 뿐이다. 공기 분자 수는 1 cm^{3}당 약 2,690경(26,900,000,000,000,000,000)개나 된다.

과학을 문화의 하나로 받아들이고 즐기자

인간의 가장 큰 특징은 무엇일까?

나는 '직립이족보행'을 하는 것이라고 생각한다.

현재 인류의 진화를 거슬러 올라가면 약 700만 년 전 아프리카에서 침팬지와 공통의 조상으로부터 갈라진 원시 인류가 삼림에서 직립이족보행을 시작했다는 데에 이른다. 아프리카 중앙부의 차드공화국에서 발견된 '사헬란트로푸스 차덴시스Sahelanthropus Tchadensis'라고 불리는 원숭이가 바로 원시 인류이다.

그 후 약 580만~440만 년 전에 '아르디피테쿠스 라미두스Ardipithecus ramidus'가 나타났다. 이들 가장 오래된 인류의 신체적 특징으로 보아 원시 인류는 숲에서 초원으로 나올 때 네 발 걷기에서 서서히 몸을 일으켜 두 발 걷기를 한 것이 아니라 숲에 살 때부터 허리를 펴고 서 있었다는 것을 알 수 있었다.

인간은 직립이족보행을 하고 보행으로부터 자유로워진 '손'으로 도구를 만들었다. 물건을 만들 수 있다는 점에서 인간을 '호모 파베르Homo faber'(제작자)라고 규정할 수 있다. 등뼈가 중력과 평행을 이루기 때문에 지탱할 수 있는 중량이 증가하고 뇌가 크게 발달할 수 있게 되었다. 대뇌의 발달은 도구 만들기나 도구 사용과 상호 작용이 있었던 것이다. 그래서 인간은 '호모 사피엔스Homo sapiens'(사색자)라고도 규정할 수 있다.

목 부분이 넓은 공간이 되고 혀의 활동 범위가 커지면서 언어 능력을 발달시켰다. 언어 능력은 추상화하는 능력을 발달시켰다. 예술을 즐기는 마음, 다른 사람을 배려하는 마음, 미래를 향한 마음도 발달시켰다. 인간은 적극적으로 어떤 즐거움 없이는 삶에 대한 보람을 느끼지 못하기 때문에 호모 루덴스homo ludens(오락자)이기도 하다.

인간이 '직립이족보행'을 하여 걷는 일에서 앞다리가 해방되자 도구를 만드는 손이 되고, 크고 무거운 머리를 받칠 수 있게 되면서 '호모 파베르'(제작자), '호모 사피엔스'(사색자), '호모 루덴스'(오락자)라는 여러 측면을 갖게 되었다. 인간은 이족보행을 하는 대신 요통과 내장 하수, 또한 난산이라는 삼중의 고난을 짊어졌지만, 그것을 뛰어넘는 긍정적인 면을 얻은 것이다.

이 책에서 특히 우리 집필진은 과학 커뮤니케이션 활동으로서의 '호모 루덴스'(오락자) 입장에 초점을 맞추었다. 여러분이 몸을 움직이는 활동, 문학이나 예술을 즐기는 활동과 더불어 과학을 즐기는 활동도 했으면 좋겠다는 생각으로 썼다. 즉 과학을 문화의 하나로 인식하길 바랐다.
이제부터 과학을 즐기는 활동으로 한 걸음 내딛어보자.

편저자 사마키 다케오

266

주요 참고 문헌

● Q-01

'전파 시계의 구조電波時計のしくみ' SEIKO

https://www.seikowatches.com/jp-Ja/customerservice/knowledge/wave

『지금 있다今いる』 장소와 시간을 알 수 있는 위치 확인이란場所·時間がわかる測位とは JAXA

https://www.jaxa.jp/countdown/f18/overview/gps_j.html

● Q-03

에마 가즈히로 저/『빛이란 무엇인가光とは何か』(다카라지마샤, 2014년).

● Q-04

"Rayleigh-Benard Convection Cells", NOAA Physical Sciences Laboratory.

https://psl.noaa.gov/outreach/education/science/convection/RBCells.html

아리타 마사미츠 편저/ 오카모토 히로시, 고이케 토시오, 나카이 마사노리, 후쿠시마 다케히코, 후지노 츠요시 저/『대기권의 환경大気の環境』(도쿄전기대학출판사, 2000년).

'NGK 사이언스 사이트 대류가 만드는 신기한 모양NGKサイエンスサイト 対流がつくる不思議な模様' 일본 가이시 주식회사

https://site.ngk.co.jp/lab/no79/

미즈시마 지로, 야마모토 다다오 '베나르 대류의 형태 형성ベナール対流における形の形成'『수리 해석 연구소 강구록 数理解析研究所講究録』(1993년 제852권, p.37-51).

후지무라 가오루, '열대류 패턴의 선택 기구를 찾는다熱対流パターンの選択機構を探る'『기초 과학 노트 基礎科学ノート』(1998년 Vol.5, No.2, p34-37).

다사카 유지, '대류의 아름다운 세계対流の美しき世界'『흐르라 ながれ』(일반사단법인 일본유체역학회, 2019년 Vol.38, No.4, p.300-305).

기무라 마루우지, '대류 현상을 이해하기 위해서', 『날씨』(일본기상학회 기관지, 1970년 Vol.17, No.5, p.45-48).

● Q-09

아라카와 기요시 저, 『4℃의 수수께끼 물의 본질을 살펴본다4℃の謎 水の本質を探る』(홋카이도 대학 출판회, 1991년).

● Q-11

니시우에 이츠키 저, 『전철을 운전하는 기술電車を運転する技術』(SB크리에이티브, 2020년).

● Q-13

'선진 공기력 계측 기술 소재先進空力計測技術トピックス' JAXA항공 기술 부문

http://www.aero.jaxa.jp/research/basic/aerodynamic/measurement/

Ed Regis, "No One Can Explain Why Planes Stay in the Air", SCIENTIFIC AMERICAN.

https://www.scientificamerican.com/article/no-one-can-explain-why-planes-stay-in-the-air/

E. 레지스 '비행기는 어떻게 나는 걸까 아직도 남아 있는 양력의 수수께끼飛行機はなぜ飛べるのか いまだに残る揚力の謎'『일경 사이언스日経サイエンス』(2020년 6월호, p.86-93).

야마나카 히로유키, '비행기가 왜 뜨는지 모른다는 것이 사실?飛行機がなぜ飛ぶか 分からないって本当？'『닛케이 비즈니스 온라인日経ビジネスオンライン』.

https://business.nikkei.com/atcl/seminar/19/00059/061400036/?P=1

Joseph R. Chambers, Cave of the Winds The Remarkable History of the Langley Full-Scale Wind Tunnel. NASA, 2014, 534p., ISBN 978-1-62683-016-5

● Q-14

나카무라 간지 저/『컬러 도해로 이해하는 제트 여객기 조종カラー図解でわかるジェット旅客機の操縦』(SB크리에이티브, 2011년).

● Q-21

고누마 미노루, 시바타 미츠요시 편저/『잘 알 수 있는 반도체 레이저よくわかる半導体レーザー』(공업 도서, 1995년).

● Q-23

일본 신기루 협의회 저/『신기루의 모든 것蜃気楼のすべて!』(신초사, 2016년).

● Q-26

새 유리 핸드북 편집위원회 편/『뉴 유리 핸드북ニューガラスハンドブック』(마루젠, 1991년).

● Q-38

Sarah Kaplan, The surprising science of why a curveball curves., 2016, July 12.

https://www.washingtonpost.com/news/speaking-of-science/wp/2016/07/12/the-surprising-science-of-why-a-curveball-curves/

Arthur Shapiro, Zhong-Lin Lu, Chang-Bing Huang, Emily Knight, Robert Ennis, Transitions between Central and Peripheral Vision Create Spatial/Temporal Distortions:A Hypothesis Concerning the Perceived Break of the Curveball., 2010, PLoS ONE, 5(10). doi:10.1371/journal.pone.0013296

마루야마 유이치, '마그누스 효과의 물리적 메커니즘에 대해서 マグヌス効果の物理的メカニズムについて'『일본항공우주학회 논문집 日本航空宇宙学会論文集』(2009년 Vol.57, No.667, p.309-316).

● Q-43

곤도 준세이, '방사 냉각-최저 기온, 결빙, 밤이슬 放射冷却-最低気温, 結氷, 夜露-'『날씨 天気』(2011년 Vol.58, No.6, p.75-78).

곤도 준세이, '2. 방사 냉각과 분지 냉각 放射冷却と盆地冷却'『가까운 기상 身近な気象』(곤도 준세이 홈페이지 http://www.asahi-net.or.jp/~rk7j-kndu/kisho/kisho02.html)

가미야마 아츠시, '제4장 열 기초 熱の基礎(3):4.4.3 방사'『유체 해석의 기초 강좌 제11회 流体解析の基礎講座 第11回』.

https://www.cradle.co.jp/media/column/a296

What is Radiation Cooling ?

https://www.hko.gov.hk/en/education/weather/meteorology-basics/00004-what-is-radiation-cooling.html

찾아보기

집필진

● **이케다 게이이치**池田圭一
프리랜서 편집자, 작가
Q-17, Q-24, Q-37, Q-53

● **이나다 요시히코**稲田佳彦
오카야마 대학 교수, 박사(이학)
Q-16, Q-21, Q-26, Q-27

● **이노우에 칸지**井上貫之
과학 교육 컨설턴트
Q-02, Q-20, Q-22, Q-35

● **오니시 미츠요**大西光代
과학 작가, 박사(수산학)
Q-04, Q-13, Q-38, Q-43

● **사카모토 아라타**坂元 新
사이타마현 고시가야 시립대 부속 중학교 교사
Q-32, Q-39, Q-51

● **사마키 다케오**左巻健男
도쿄 대학 강사, 전 호세이 대학 교수
Q-07, Q-08, Q-09, Q-11, Q-12, Q-14,
Q-31, Q-33, Q-40, Q-44, Q-48, Q-50,
COLUMN 1~6

● **시**シ
암흑 통신단
Q-10, Q-28, Q-45

● **소고 히데토시**十河秀敏
미노자유학원 교육고문
Q-01, Q-06, Q-29

● **나카지마 히로키**仲島浩紀
데즈카야마 중학교·고등학교 교사
Q-05, Q-30, Q-47

● **나쓰메 유헤이**夏目雄平
치바대학 명예교수(이학계)
Q-03, Q-23, Q-36

● **후나다 마사루**舩田 優
전 치바현립 후나바시 고등학교 교사
Q-18, Q-19, Q-46

● **요코우치 타다시**横内 正
나가노현 마츠모토시립 하타중학교 교사
Q-15, Q-34, Q-41, Q-52

● **와다 시게오**和田重雄
일본약학과대학 교수, 박사(이학)
Q-25, Q-42, Q-49

※ 직함은 원고 집필 시점을 기준으로 하였고, 번호는 집필한 챕터를 나타냅니다.